A GUIDE BOOK
FOR INTERIOR
COLOR DESIGN

家居色彩设计指南

理想·宅 编

超实用的专业级室内空间配色攻略
（全新升级版）

化学工业出版社

·北京·

本书着重讲解了4大主空间的配色设计,及帮助读者巩固基本功的色彩基础知识,精选了近两年内的优秀设计案例,针对当下流行的审美和潮流,对有关的知识点进行辅助讲解。清爽简洁的排版样式,提升阅读体验,令读者可以更加轻松地汲取设计知识,对色彩的搭配有更加深入的了解。

图书在版编目(CIP)数据

家居色彩设计指南:超实用的专业级室内空间配色攻略(全新升级版)/理想·宅编.—北京:化学工业出版社,2020.1
ISBN 978-7-122-35583-6

Ⅰ.①家… Ⅱ.①理… Ⅲ.①住宅-室内装饰设计-配色 Ⅳ.①TU241

中国版本图书馆CIP数据核字(2019)第246290号

责任编辑:王 斌 邹 宁　　　　装帧设计:韩 飞
责任校对:王素芹

出版发行:化学工业出版社(北京市东城区青年湖南街13号 邮政编码100011)
印　　装:北京东方宝隆印刷有限公司
710mm×1000mm　1/16　印张10　字数200千字　2020年1月北京第1版第1次印刷

购书咨询:010-64518888　　　　　　　　售后服务:010-64518899
网　　址:http://www.cip.com.cn
凡购买本书,如有缺损质量问题,本社销售中心负责调换。

定　价:58.00元　　　　　　　　　　　　　　　　版权所有　违者必究

前言
foreword

  造型、色彩以及材料的质感，构成了家庭装修的三大要素，这三种元素的运用方式决定了家居环境的氛围。其中，色彩是最为直观最引人注意的，不论是经济型装修还是高档次装修，恰当的色彩搭配是装修成功的一半，舒适的色彩可以掩盖选材以及造型上的不足。

  因此在进行家居环境设计时，设计师往往在色彩的搭配上花费更多的精力，尤其是后期软装饰的色彩搭配，更是体现生活品位的利器。但仅有空泛的理论与总结，而没有进一步形象的阐述，很难深入了解色彩的构成进而设计色彩搭配，为了生动地阐述色彩的搭配原理，本书采用了图文结合的形式，力求深入浅出地让读者了解色彩方面的基本知识，对色彩有个初步的了解，以不同空间的、具有各自搭配特点的案例进行知识的讲解，以最快的速度让读者能够参与到家居环境的色彩设计中来。

  本书为2014年出版的畅销书《家居色彩设计指南：超实用的专业级室内空间配色攻略》的升级版，形式上继续保留了原书的4大主空间的配色设计，及帮助读者巩固基本功的色彩基础知识。在延续了原书系统而全面的内容基础上，做到在细节处更加完善，包括针对当下流行的审美和潮流，对过时的、错误的知识点进行更新，引入了更加专业和详细的知识点分析；对原书中的图片进行大量的替换，精选了近两年内的优秀设计案例；同时在版式上进行了优化，排版样式变得清爽简洁，提升阅读体验，令读者可以更加轻松地汲取设计知识，对色彩的搭配能有更加深入的了解。

目录
contents

第一章　色彩的 **基础知识** ……001

- 色彩的三种属性 …………… 002
- 色彩的四种角色 …………… 010
- 四角色与主副色 …………… 014
- 色调型及色相型 …………… 016
- 空间配色的原则 …………… 024
- 色彩与空间的相互作用 …………… 026
- 色彩与空间的重心 …………… 028
- 色彩与材质的关系 …………… 030
- 常见色彩印象 …………… 032

第二章　不同氛围的 **客厅配色** ……039

- 现代都市感的客厅配色 ………… 040
- 充满生机的自然客厅配色 ………… 044
- 使人感到清新的客厅配色 ………… 048
- 古典韵味的客厅配色 ………… 052
- 甜美浪漫的客厅配色 ………… 056
- 活力满满的休闲客厅配色 ………… 060
- 华丽的客厅配色 ………… 064
- 让人感到温暖的客厅 ………… 068

第三章　不同氛围的 **餐厅配色** ……071

- 增进食欲的餐厅配色 ………… 072
- 带有简约感的餐厅配色 ………… 076
- 田园般氛围的餐厅配色 ………… 080
- 清爽愉快的餐厅配色 ………… 084
- 具有活力的餐厅配色 ………… 088
- 浪漫小资的餐厅配色 ………… 092

第四章　不同氛围的**卧室配色**　095

平和身心的温馨卧室配色……… 096
时尚干练的卧室配色……… 100
愉悦的小清新卧室配色……… 104
充满沉稳韵味的卧室配色……… 108
柔和浪漫的卧室配色……… 112
可爱活泼的卧室配色……… 116
清爽童趣的卧室配色……… 120
硬朗刚毅的卧室配色……… 124

第五章　不同氛围的**卫浴间配色**　127

都市感的卫浴间配色……… 128
盎然生机的卫浴间配色……… 132
清凉爽快的卫浴间配色……… 136
拥有洁净感的卫浴间配色……… 140
具有力量感的卫浴间配色……… 144
妩媚浪漫的卫浴间配色……… 148

第六章　常见的**配色问题**　151

1. 如何找到空间配色的起始点……… 152
2. 居室颜色的设计重点如何确定……… 152
3. 一个空间中可否有两种色彩印象……… 152
4. 居室内所有房间是否都统一配色方案……… 152
5. 如何根据界面的固定色彩选择家具……… 153
6. 怎样选择自己喜欢的色彩印象……… 153
7. 确定色标后怎样寻找对应的色彩……… 153
8. 色彩搭配是否需要追随潮流……… 153
9. 怎样避免配色的失误……… 154
10. 同一空间如何选择墙面色彩……… 154
11. 怎样精心对待居室配色……… 154

TIPS：配色禁忌

色彩明度配色禁忌 …………………… 007	浪漫小资的餐厅配色禁忌 …………… 092
对决型·准对决型配色禁忌 ………… 020	平和身心的温馨卧室配色禁忌 ……… 096
都市气息客厅配色禁忌 ……………… 040	时尚干练的卧室配色禁忌 …………… 100
朴素、自然的客厅配色禁忌 ………… 044	愉悦的小清新卧室配色禁忌 ………… 104
清新的客厅配色禁忌 ………………… 048	充满沉稳韵味的卧室配色禁忌 ……… 108
古典韵味的客厅配色禁忌 …………… 052	柔和浪漫的卧室配色禁忌 …………… 112
甜美浪漫的客厅配色禁忌 …………… 056	可爱活泼的卧室配色禁忌 …………… 116
活力满满的客厅配色禁忌 …………… 060	清爽童趣的卧室配色禁忌 …………… 120
华丽的客厅配色禁忌 ………………… 064	硬朗刚毅的卧室配色禁忌 …………… 124
温暖氛围客厅配色禁忌 ……………… 068	都市感的卫浴间配色禁忌 …………… 128
增进食欲的餐厅配色禁忌 …………… 072	盎然生机的卫浴间配色禁忌 ………… 132
带有简约感的餐厅配色禁忌 ………… 076	清凉爽快的卫浴间配色禁忌 ………… 136
田园般氛围的餐厅配色禁忌 ………… 080	拥有洁净感的卫浴间配色禁忌 ……… 140
清爽愉快的餐厅配色禁忌 …………… 084	具有力量感的卫浴间配色禁忌 ……… 144
具有活力的餐厅配色禁忌 …………… 088	妩媚浪漫的卫浴间配色禁忌 ………… 148

注：关于本书中的色标

色块

纯粹的色块，未标注数字。这类色标的存在是为了更直观地说明配色之间的关系，为了获得更直观的感受。

色标

对应图中所使用的色彩，使所分析的案例中的色彩更为直观。

色块 + 数字

圆形色标右方对应的数字，分别是印刷对应的四种数值，从左至右分别是 C（青）、M（洋红）、Y（黄）、K（黑）。

 C80 M0 Y0 K86    C30 M61 Y86 K83   C100 M40 Y0 K26

C:80 M:0 Y:0 K:86   C:30 M:61 Y:86 K:83   C:100 M:40 Y:0 K:26

第一章
色彩的基础知识

　　在对家居空间进行色彩设计之前，首先要了解和掌握色彩的基本常识，以及扎实稳固的色彩基础知识，才能平稳开拓出无限的色彩搭配灵感。

色彩的三种属性

1. 色相

（1）色相的构成

色相，即各类色彩的相貌称谓，如大红、普蓝、柠檬黄等。色相是色彩的首要特征，是区别各种不同色彩的最准确的标准，除了黑、白、灰三色，任何色彩都有色相。即便是同一类颜色，也能分为几种色相，如黄颜色可以分为中黄、土黄、柠檬黄等，灰颜色则可以分为红灰、蓝灰、紫灰等。

常见的色相环分为 12 色和 24 色两种，分类比较详细。原始的构成是六种色彩，即三原色和三间色。三原色为红、黄、蓝，三间色为橙、绿、紫。在各色中间加插一两个中间色，其头尾色相，按光谱顺序为：红、橙红、黄橙、黄、黄绿、绿、绿蓝、蓝绿、蓝、蓝紫、紫。掌握了基本色调，对配色就可以基本掌握。

常见色相的代表意义

红色
热烈、喜庆、热情、浪漫

黄色
艳丽、单纯、温和、活泼

蓝色
整洁、沉静、清爽

橙色
温暖、友好、开放、趣味

绿色
自然美、宁静、生机勃勃

紫色
神秘、优雅、浪漫

12 色相环

24 色相环

（2）色相的对比

色相的对比分为邻近色、对比色和同色型。色相环上 15 度以内的色彩为邻近色，反之为对比色。同色型为同色系的不同色度对比，如蓝色中加入黑色、白色或灰色调和。

邻近色色相十分近似，具有单纯、柔和、高雅、文静、朴实和融洽的效果；缺点是色相之间缺乏个性差异，效果较单调。如蓝与绿搭配，或蓝与紫搭配。

对比色颜色差别比较大，搭配起来比较刺激、丰富；缺点是易造成视觉疲劳，不建议大面积使用。如红与黄搭配，或红与绿搭配。

邻近色对比配色，具有统一、舒适、和谐的视觉效果，浅褐色的搭配减轻了蓝色系的单调感

蓝灰色与深蓝色为同色系对比，塑造出统一、和谐的视觉效果，黄色与蓝色为对比色搭配，增添活跃感

（3）冷色与暖色

色相的分类比较专业一些，以此为依据来建立色彩印象对业余人士来说可能比较困难。因此，还可以从大家最为了解的冷、暖色来进行区分，在配色的时候以冷色或暖色作为基调，容易掌控整体的氛围，不易出错。

在所有的色彩中，黑、白、灰属于无色系，可以与任何色调搭配。绿色和紫红色属于中性色，在色相环上，左侧绿色与红紫色之间的色彩均为冷色调，右侧为暖色调。

暖色包含红、橙、黄等色彩，使人感到温暖、充满活力；冷色包含蓝绿、蓝、紫等色彩，使人感到清爽、冷静。

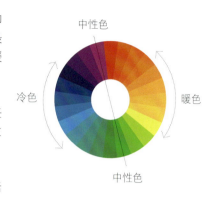

冷色调为主的配色

以深蓝绿色为主色，搭配白色及浅灰色，体现出清爽、高雅的空间氛围。暖色调选择小面积的浅褐色，平衡空间的冷暖

暖色调为主的配色

明黄色的墙面，粉色的床品，对比强烈，加以红色系的玩具和家纺，塑造出了温馨而活泼的气氛

第一章 色彩的基础知识

无色系黑、白配色

无色系具有强大的容纳力，跟任何色调均可搭配。单独三色搭配可烘托出强烈的时尚感，并不易过时，经典、个性

2. 明度

（1）何为色彩的明度

色彩明度是指色彩的亮度或明度，就是常说的明与暗。颜色有深浅、明暗的变化，最亮的颜色是白色，最暗的颜色是黑色。

在任何色彩中加入白色会加强色彩的明度，使颜色变浅；加入黑色则会减弱色彩的明度，使颜色变深。色彩在明暗、深浅上的不同变化，就是色彩的又一重要特征——明度变化。色彩的明度变化有许多种情况，例如不同色相之间的明度变化。如明度从高到低为：白、黄、橙、红、紫、黑；相同的颜色，因光线照射的强弱不同也会产生不同的明暗变化。

色彩的明度变化有许多种情况，例如不同色相之间的明度变化。如明度从高到低为：白、黄、橙、红、紫、黑；相同的颜色，因光线照射的强弱不同也会产生不同的明暗变化。

加入白色提高色彩的明度

加入黑色降低色彩的明度

低明度

高明度

（2）明度差的搭配效果

明度高的色彩让人感到轻快、活泼，明度低的色彩则给人沉稳、厚重感。

明度差比较小的色彩互相搭配，可以塑造出优雅、稳定的室内氛围，让人感觉舒适、温馨；反之，明度差异较大的色彩互相搭配，会得到明快而富有活力的视觉效果。

不同明度色彩的效果

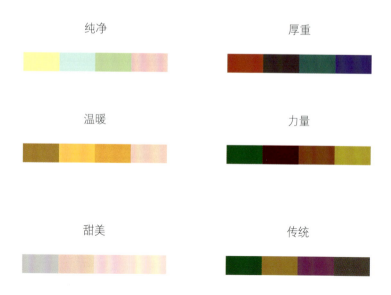

第一章　色彩的基础知识

明度差异大的配色

不同色彩的显著明度差异搭配更具视觉冲击力，十分活泼，具有明显的跳跃感，非常有力度

明度差异小的配色

白色是明度最高的色彩，与深褐色搭配具有明显的明度差，塑造沉稳、大气的空间环境

色彩明度配色禁忌

在色相环上，明度差异大的两种色彩，在家庭装饰中不宜等面积地使用，否则会给人过于刺激的视觉效果，使人难以安心，对身体和精神产生负面刺激。

3. 纯度

（1）何为色彩的纯度

色彩的纯度也称饱和度或彩度，就是常说的鲜艳与否，越鲜艳的纯度越高。纯度强弱，是指色相感觉明确或含糊、鲜艳或混浊的程度。高纯度色相加白或黑，可以提高或减弱其明度，但都会降低它们的纯度。如加入中性灰色，也会降低色相纯度。常见的事物中，大多数的儿童玩具都是"高纯度"的代表，自然界中的泥土、树枝等代表着"低纯度"。

根据色环的色彩排列，相邻色相混合，纯度基本不变（如红黄相混合所得的橙色）。对比色相混合，最易降低纯度，以至成为灰暗色彩。纯度最低的色彩是黑、白、灰。

低纯度配色

低纯度的色彩搭配给人素雅、安宁的感受，非常低调

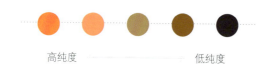

高纯度　　　　　　　　低纯度

降低纯度的方法：在原色中加入黑、白、灰或补色

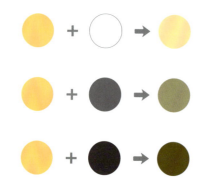

高纯度配色

纯度高的色彩相互搭配给人充满活力和激情的感受，可以使人感到兴奋

（2）纯度的效果差

纯度高的色彩，给人鲜艳、活泼之感；纯度低的色彩，有素雅、宁静之感。

不同纯度色彩的效果

动感

活跃

现代

朴素

娇美

清爽

 →高纯度  →低纯度

如果几种色调进行组合，纯度差异大的组合方式可以达到艳丽的效果；如果纯度差异小，容易出现灰、粉、脏的感觉。

纯度差异大的配色

纯度差异大，视觉效果强烈、饱满

纯度差异小的配色

纯度差异小，给人稳定感，但缺少变化

家居 色彩设计 指南

色彩的四种角色

1. 背景色——奠定空间基调

背景色是室内空间中占据最大面积的色彩，例如天花板、墙面、地面等。因为面积最大，所以引领了整个空间的基本格调，起到奠定空间基本风格和色彩印象的作用。

在同一空间中，家具的颜色不变，更换背景色，就能改变空间的整体色彩感觉。例如同样白色的家具，蓝色背景显得清爽，而黄色背景则显得活跃。在顶面、墙面、地面所有的背景色界面中，因为墙面占据人的水平视线部分，往往是最引人注意的地方，因此，改变墙面色彩是最为直接的改变色彩感觉的方式。

在家居空间中，背景色通常会采用比较柔和的淡雅色调，给人舒适感，若追求活跃感或者华丽感，则使用浓郁的背景色。

背景色与主角色属于同一色调，色差小，整体给人稳重、低调的感觉

背景色与主角色属于对比色，色差大，整体给人紧凑、有活力的感觉

同一组物体不同背景色的区别

淡雅的背景色给人柔和、舒适的感觉

艳丽的纯色背景给人热烈的印象

深暗的背景色给人华丽、浓郁的感觉

2. 主角色——构成中心点

主角色，顾名思义，就是占据空间中最为中心一点的色彩，多数情况下为大型家具或一些室内陈设、软装饰等构成的中等面积色块，具有重要地位。

不同空间的主角有所不同，因此主角色也不是绝对性的。例如，客厅中的主角色是沙发，但如果同组沙发采用了不同色彩，则占据中心位置的是主角色。餐厅中的主角色可以是餐桌也可以是餐椅，而卧室中的主角色绝对是床。

在客厅中，沙发占据视觉中心和中等面积，是多数客厅空间的主角色

餐桌与背景色统一色彩，这里的餐椅就是主角色，占据了绝对突出的位置

主角色选择可以根据情况分成两种：若想获得具有活跃、鲜明的视觉效果，选择与背景色或配角色为对比的色彩；若想获得稳重、协调的效果，则选择与背景色或配角色类似，或同色相不同明度或纯度的色彩。

一个空间的配色通常从主要位置的主角色开始进行，例如选定客厅的沙发为橙色，然后根据风格进行墙面即背景色的确立，再继续搭配配角色和点缀色，这样的方式主体突出，不易产生混乱感，操作起来比较简单。

卧室中，床是绝对的主角，具有无可替代的中心位置

3. 配角色——为了衬托主角

配角色通常在主角色旁边或成组的位置上，例如成组沙发中的一个或两个，抑或是沙发旁的矮几、茶几，卧室中的床头柜等。

一组沙发中，中间为三人座蓝色，其余两个为白色单人座，那么蓝色则为主角色，白色就是配角色，为了更加衬托和凸显中间的蓝色沙发而存在。

配角色的存在，通常可以让空间显得更为生动，能够增添活力。因此，配角色通常与主角色存在一些差异，以凸显主角色。配角色与主角色呈现对比，则显得主角色更为鲜明、突出，若与主角色临近，则会显得松弛。

配角色与主角色相近，整体配色显得有些松弛

配角色与主角色存在明显的明度差，显得主角色鲜明、突出

通过对比凸显主角色

蓝色为主角色，搭配相近色　　　提高两者的色相差　　　对比色，更加凸显了蓝色

配角色面积不宜过大

四种色彩搭配　　　配角色面积超过主角色　　　缩小配角色面积，凸显主角色

4. 点缀色——生动的点睛之笔

点缀色是指室内空间中体积小、可移动、易于更换的物体的颜色，例如沙发靠垫、台灯、织物、装饰品、花卉等。

点缀色通常是一个空间中的点睛之笔，用来打破配色的单调，通常选择与所依靠的主体具有对比感的色彩，来制造生动的视觉效果。若主体氛围足够活跃，为追求稳定感，点缀色也可与主体颜色相近。

对于点缀色来说，它的背景色就是它所依靠的主体。例如，沙发靠垫的背景色就是沙发，装饰画的背景就是墙壁。因此，点缀色的背景色可以是整个空间的背景色，也可以是主角色或者配角色。在搭配点缀色时需要注意点缀色的面积不宜过大，面积小才能够加强冲突感，提高配色的张力。

黄色面积过大，不凸显主体

缩小面积，主体突出

（1）家居中常见的点缀色

靠枕

装饰画

装饰品

花卉

（2）点缀色的点睛效果

点缀色过于淡雅，不能起到点睛作用

高纯度的点缀色，使配色变得生动

花卉和靠垫的色彩艳丽，与沙发具有强烈的对比感，使空间氛围欢快

靠垫与沙发的色彩差异小，塑造出清新、柔和的效果

四角色与主副色

一个空间的配色可以从四角色查看，也可以换一个角度从主副色方面查看。四角色是以空间配色的角色关系作为侧重点，因此，主角色通常是占据主体地位的家具或者大型陈设。而主副色是从空间配色的面积方面进行查看的，暂居居室面积最大的色彩称为"主色"，而次要面积的称为"副色"，与四角色存在本质区别。

1. 从"四角色"角度看配色

从四角色的角度来查看客厅的配色，以各物体在空间中的主次位置来进行色彩的从属关系分析。

| 主角色 | 配角色 | 主角色 | 配角色 |
| 双人沙发 | 座椅、茶几 | 单人座椅 | 茶几 |

| 背景色（色组） | 点缀色（色组） | 背景色（色组） | 点缀色（色组） |
| 墙面、地毯、地板 | 靠垫、花卉、饰品 | 墙面、地板、地毯 | 花卉、饰品 |

本案例中，占据视觉最中心位置的是双人沙发，因此深灰色是"主角色"。侧面座椅以及茶几占据次要位置，柠檬黄色和黑色是"配角色"。墙面、地面以及地毯占据空间中的界面位置，白色、大象灰、浅灰是"背景色"。靠垫、花卉的暗红色、绿色以及桃粉色是"点缀色"。

本案中占据视觉最中心位置的是座椅组，两个单人座椅面积最大，宝蓝色是"主角色"。多功能组合茶几占据次要位置，灰色和黑色是"配角色"。顶面、墙面、地面以及地毯占据空间中的界面位置，白色、浅褐色、灰绿色是"背景色"。靠垫、花卉和饰品的紫红色、蓝色是"点缀色"。

2. 从"主、副色"角度看配色

从空间内色彩的面积大小来分析配色，可分为"主色""副色""点缀色"，这里的点缀色和"四角色"里的点缀色是相同定义的。

主色
墙面

副色（色组）
沙发、地毯、座椅

点缀色（色组）
靠垫、花卉、饰品

主色
墙面

副色（色组）
沙发、地毯、座椅

点缀色（色组）
靠垫、花卉、饰品

"主色"为面积最大的白色，为墙面色彩。"副色"为沙发、地毯、座椅的颜色，为灰色系。"点缀色"与"四角色"的分析是相同的，分别是暗红色、绿色以及桃粉色，物体为靠垫和花卉

案例中，"主色"为面积最大的白色。"副色"为宝蓝色、灰绿色以及黑色。靠垫、花卉和饰品的紫红色、蓝色是"点缀色"

色调型及色相型

1. 色调型

（1）何为色调

色调是色彩外观的基本倾向，指色彩的浓淡、强弱程度，在明度、纯度、色相这三个要素中，某种因素起主导作用，就称之为某种色调。

常见的分类就是冷色调和暖色调。例如，一幅绘画作品虽然用了多种颜色，但总体有一种倾向，是偏蓝或偏红，是偏暖或偏冷等。这种颜色上的倾向就是此画的色调。

在冷暖色之外，常用于家居空间的色调还可分为鲜艳的纯色调、干净的明色调、接近白色的淡色调以及接近黑色的暗色调。

色调是影响配色效果的首要因素，在视觉感官上，色彩给人的印象多数都是由色调决定的。如一个居室内红、黄色比例多则给人温暖感，蓝、绿比例多则给人清爽感等。在进行配色时，即使色相不统一，只要色调一致也能够取得和谐的视觉效果。

（2）色调型配色

在同一空间中，如果采用相同色调的色彩，会让人觉得单调，单一的配色方式也降低了配色的丰富性。

在进行配色时，为了达到和谐舒适的视觉效果，可以将一种色调作为主色，副色搭配另一种色调，用艳丽的纯色调或具有对比性的色调来进行点缀，这样构成的色彩组合会十分自然、丰富。

根据不同的情感需求来塑造不同的空间氛围，则需要多种色调的组合。每一种色调都有自己的特征和优点，将这些色调按照其本身的个性来组合，就可以传达出想要的配色效果。

用相似的淡色调进行配色，略显单调、容易让人感觉疲倦

淡色调搭配明色调，层次感强，给人愉悦感

两种色调搭配

将具有健康、活力的纯色调与优雅的淡色调相搭配，使纯色的强烈感被抵消，更为舒适、耐久。

纯色
健康但过于刺激

淡色
优雅但过于寡淡

混合色
集两者优点

将具有干净整洁感的明色调与沉稳的暗色调相搭配，弱化了沉闷感，稳重而不显死板。

暗色
威严但易压抑

明色
明快但略显平凡

混合色
集两者优点

三种色调搭配

厚重的暗色调加入淡色调和明色调后，丰富了明度的层次感，不再沉闷、压抑。

纯色
健康但过于刺激

明色
明快但略显平凡

淡色
优雅但过于寡淡

混合色
集三者所长

2. 色相型

（1）何为色相型

在一个空间中，通常会采用两至三种色相进行配色，仅单一色相的情况非常少，多色相的配色方式能够更准确地塑造氛围。色相型配色简单地说就是 ** 色相与 ** 色相进行组合的问题。

将色相环上距离远的色相进行组合，对比强烈，效果明快而有活力；相近的色相进行组合，效果比较沉稳、内敛。

（2）色相型配色

根据色相环的位置，色相型大致可以分为四种，即：同相型、类似型（相近位置的色相），三角型、四角型（位置成三角形或四角形的色相），对决型、准对决型（位置相对或邻近相对），全相型（涵盖各个位置色相的配色）。

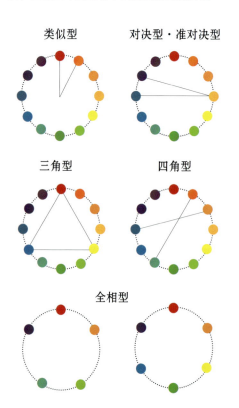

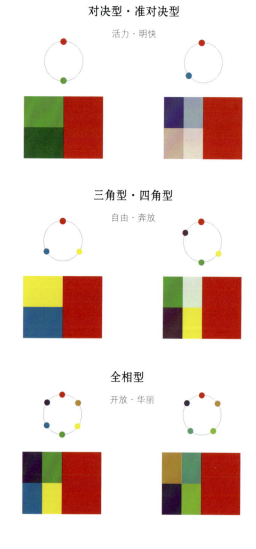

① 同相型·类似型配色

完全采用统一色相的配色方式被称为同相型配色，用邻近的色彩配色称为类似型配色。两者都能给人稳重、平静的感觉，仅在色彩印象上存在区别。同相型配色限定在同一色相中，具有闭锁感；类似型的色相幅度比同相型有所扩展，在24色色相环上，4份左右的为邻近色，同为冷暖色范围内，8份差距也可归为类似型。

同相型
闭锁感，体现出执着性、稳定感

类似型
色相幅度有所增加，更加自然、舒适

② 对决型·准对决型配色

对决型是指在色相环上位于180度相对位置上的色相组合，而接近180度位置的色相组合就是准对决型。此两种配色方式色相差大，对比强烈，具有强烈的视觉冲击力，可给人深刻的印象。在家居空间中，使用对决型配色方式，可以营造出活泼、健康、华丽的氛围，若为接近纯色调的对决型配色则可以展现出充满刺激性的艳丽色彩印象。由于对决型配色过于刺激，家居中通常采用准对决型配色方式。准对决型配色方式比对决型要缓和一些，兼具一些平衡感。

对决型

准对决型

对决型
充满张力,给人舒畅感和紧凑感

准对决型
紧张感降低,紧凑感与平衡感共存

对决型·准对决型配色禁忌

对决型配色不建议在家庭空间中大面积地使用,因为其对比过于激烈,长时间会让人产生烦躁感和不安的情绪。若使用则应适当降低纯度,避免过度刺激。准对决型比对决型配色要略为温和一些,可以作为主角色或者配角色使用,若作为背景色则不宜等比例或大面积使用。

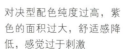

对决型配色纯度过高,紫色的面积过大,舒适感降低,感觉过于刺激

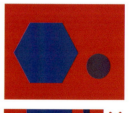

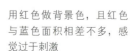

用红色做背景色,且红色与蓝色面积相差不多,感觉过于刺激

③ 三角型·四角型配色

三角型配色是指在色相环上处于三角形位置的颜色的配色方式，最具代表性的就是三原色，即红、黄、蓝。三原色形成的配色具有强烈的视觉冲击力及动感，如果使用三间色进行配色，则效果会更舒适、缓和一些。

三角型的配色方式比之前几种配色方式视觉效果更为平衡，不会产生偏斜感。三角型配色是位于对决型和全相型之间的类型，兼具了两者的长处，视觉效果引人注目而又不乏温和和亲切感。

将两组对决型或者准对决型颜色交叉组合形成的配色就是四角型，醒目、安稳又同时兼具紧凑感，具有更强烈的冲击力。

三角型

暗色调的红、黄、蓝三原色构成的三角型配色，沉稳中透着一丝活泼，又兼具平衡性

明色调的红、黄、蓝三原色构成三角型配色，轻松、活泼又兼具平衡感，清透的色彩感觉更为温馨

四角型

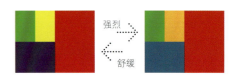

同样以红、黄、蓝、绿四色构成四角型，色彩感觉更为活跃一些，空间平衡而不乏味

红色、绿色，蓝色、黄色两组对决色构成了四角型配色方式，蓝色作为背景色显得静谧而悠远，其他色彩点缀具有紧凑感和活力

三角型配色对比四角型配色效果

三角型配色

三角型配色兼具动感与平衡感，是最为稳定的搭配方式，不易出错

去掉三角型配色中的绿色，变成黄色与紫色的对决型，不再显得热烈

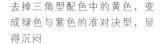

去掉三角型配色中的黄色，变成绿色与紫色的准对决型，显得沉闷

四角型配色

紫色和绿色，蓝色和黄色，两组对决色构成的四角型，安定而紧凑

只有紫色与绿色的对决型配色，仍然紧凑但不够柔和，比四角型呆板一些

去掉紫色和黄色，在蓝色和绿色区域形成类似型配色，封闭而寂寥

④ 全相型配色

全相型配色是指没有偏相性地使用全部色相进行配色的方式，能够塑造出自然、开放的氛围，华丽感十足。

全相型配色在家居中的运用最多出现在配饰上以及儿童房。通常来说，如果运用的配色有五种就属于全相型配色，用的色彩越多会让人感觉越自由。

全相型配色涵盖的色彩范围比较广泛，易塑造出自然界中五彩缤纷的视觉效果，充满活力和节日气氛，最能够活跃空间的氛围。如果觉得居室过于呆板，可以搭配一些全相型的装饰，如靠垫等。在进行全相型配色时，需要注意的是，所选择的色彩在色相环上的位置没有偏斜，要至少保证五种色相；如果偏斜太多，就会变成对决型或者类似型。

全相型配色的活跃感和开放感，并不会因为颜色的色调而消失，不论是明色调还是暗色调，或是与黑色、白色进行组合，都不失去其开放而热烈的特性。

全相型配色效果

全相型配色淡色调效果

全相型配色明色调效果

全相型配色暗色调效果

 五种色相组合的全相型配色，渲染出节日般的热烈气氛

 没有色彩偏向的六色相全相型配色，将色彩自由排列

空间配色的原则

1. 避免配色的混乱

多种色相的搭配能够使空间看起来活泼并具有节日氛围,但若搭配得不恰当,活力过强,反而会破坏整体配色效果,造成混乱感。

将色相、明度和纯度的差异缩小,就能够避免混乱的现象。在配色沉闷的情况下添加色彩以增添活力;在混乱的情况下减少色彩使其稳健,是进行配色活动的两个主要方向。

除了控制色彩的三种属性外,还可以控制色彩的主次位置来避免混乱,要注意控制配角色的占有比例,以强化主角,主题就会显得更加突出,而不至于主次不清显得混乱。

色相涵盖范围较广,视觉效果强烈,氛围异常活跃,但给人混乱感

色相位置靠近,均为暖色系,给人稳定、整齐感

2. 根据空间的特点进行配色

一些建筑空间本身会存在缺点,当不能够通过造型进行根本改造时,可以通过色彩的手段来进行调整。例如,房间朝向不好时可以采用浅色系的色彩,使空间明亮;房间过于宽敞,可以采用具有收缩性的色彩来处理墙面,使空间变得紧凑、亲切;若房间过高,可以在天花板上使用一些具有下沉感的色彩,在视觉上使高度下降。

高明度的亮色以及冷色调能够使空间显得更加宽敞、洁净,特别适合面积不大的空间使用

暖色调,特别是纯度比较高的色相,能够使空间看起来更紧凑,拉近墙面之间的距离

3. 根据空间的用途进行配色

在家庭空间中,不同的功能区域有不同的作用,如客厅用于聚会、交谈,属于活动空间;卧室用于休息,具有很高的私密性,属于静谧性的空间等。因此,在进行不同空间的设计时,需要根据不同的用途来进行具体的色彩搭配设计,若将喧闹的氛围带进卧室就是不恰当的设计方式。准确地将空间与色彩联系起来,还是有一定规律可循的。黑、白、灰的搭配会让所有人感到强烈的现代感;看到粉红色,它的柔美、浪漫会让人与女性或者女孩有所联想;暖色调中的橙色、黄色让人觉得愉悦,可以促进食欲;灰色、蓝色会让人觉得沉稳、刚毅,是十分适合单身男士的居住空间。根据每种色彩所透露出来的感觉来搭配空间,是最为适合的。

 橙色明亮、温暖,与棕色搭配用在餐厅中,既能使人愉悦,又不显得过了喧闹

 淡雅的色调组合让人感觉放松、安逸,能够使人迅速地放松,进入休息状态

色彩与空间的相互作用

1. 用色彩调整空间比例

在同一个房间中，即使仅仅改变窗帘或沙发靠枕的颜色，整个居室的视觉比例也会随之变得宽敞或狭小。不同的居室中或多或少存在着一些问题，例如有的过高，有的狭窄，有的空旷，利用色彩可以从视觉上改变这些缺点。

在所有的色彩中，有的色彩能够扩大室内面积，有的则能缩小面积，被称为膨胀色和收缩色；有的能够拉近墙面的距离，有的则能使其看起来更远一些，这些色调被称为前进色和后退色；同样，还有轻色和重色，能够使界面看起来变轻或变重。

2. 膨胀色和收缩色

暖色相、高纯度、高明度的色彩都是膨胀色，低纯度、低明度、冷色相均为收缩色。比较宽敞的空间室内软装饰可以采用膨胀色，使空间看起来丰满一些，反之，则宜使用收缩色。

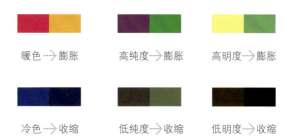

3. 前进色和后退色

高纯度、低明度、暖色相给人以向前的感觉，被称为前进色；低纯度、高明度、冷色相被称为后退色。空旷的房间可以用前进色喷涂墙面，反之可用后退色。

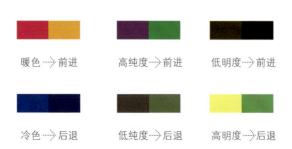

4. 重色和轻色

深色使人感觉下沉，浅色给人上升感，同样明度和纯度的情况下，暖色轻，冷色重。高空间可用重色装饰天花板，地板采用轻色，可以在视觉上缩短两个界面的距离，使比例更和谐。

重色 ➡ 下沉

轻色 ➡ 上升

5. 居室色彩与自然光照的关系

不同朝向的居室会因为不同的光照而有不同的特点，可以利用色彩来改善光照的弊端。

朝北的居室房间。因为一年四季晒不到太阳，温度偏低，选择淡雅的暖色或中性色比较好，这样会感到房间里暖和一些，同时还会有一种愉快、舒适的感觉。

东西朝向的房间。光照一天之中变化很大，直对光照的墙面可以选择吸光的色彩，背光的墙面选择反光色。墙壁不宜刷成橘黄或淡红等颜色，选择冷色调比较合适。

朝南的居室房间。一般冬暖夏凉，一天之中的光照比较均匀，色彩选择没有什么限制性。室内墙壁色彩基调一般不宜与室外环境形成太强烈的对比，窗外若有红光反射，室内则不宜选用太浓的蓝色、绿色。色彩对比太强，易使人觉得疲劳，产生厌倦情绪，浅黄、奶黄偏暖，效果会更好。相反，窗外若有树叶或较强的绿色反射光，室内颜色则不宜太绿或太红。

朝北的居室，温度偏低，室内阴暗，墙面采用暖色可以增添温馨感

冷色调有清凉感，适合面朝东西的居室，避免早晚强烈光照的炎热感

色彩与空间的重心

重量感取决于色彩的明度

色彩的重量感取决于色彩的明度,例如深蓝色比浅蓝色感觉有重量。而具有重量感的色彩所在的位置,就决定了空间重心的位置。具有重量的色彩放在顶面、墙面,让人觉得具有动感;放在下方,如地面、地毯,会让人觉得稳重、平静、值得信赖。

深色位于下方,有稳重感

深色位于上方,具有动感

以室内为例:

地面为深色

空间中地面颜色最深时,重心在下方,给人稳定感

顶面为深色

顶面为深色,重心最高,视觉上感觉房高降低,具有强烈动感

墙面为深色

墙面位于中间部分,深色墙面给人向下运动的错觉

家具为深色

各界面均为浅色,家具为深色,重心还是位于下方

高重心配色

墙面位于中间部分,深色墙面给人向下运动的错觉

低重心配色

各界面均为浅色,家具为深色,重心还是位于下方

高重心有动感

将蓝色放在墙面上,形成高重心的形式,上重下轻的对比使客厅充满动感

低重心稳重

将黑色放在地面上,形成低重心的形式,上轻下重的对比,使人感觉稳重、可靠

色彩与材质的关系

1. 自然材质与人造材质

在室内装饰中,色彩是依附于材质而存在的,丰富的材质,对色彩的感觉起到密切的影响。常用的室内材质可分为自然材质和人造材质两类,两者通常是被人们结合使用的。自然材质涵盖的色彩比较细致、丰富,多为自然、朴素的色彩,艳丽的色调较少;人造材质色彩丰富,但层次感比较单薄。

自然材质淡雅

人造材质鲜艳

顶面的实木吊顶、大理石的餐桌、实木的地板均为自然材质,金属餐椅、乳胶漆为人造材质,两者结合兼具了两类材质的优点

2. 表面光滑度的差异

除了材质的来源以及冷暖，表面光滑度的差异也会给色彩带来变化。例如瓷砖，同样颜色的瓷砖，经过抛光处理的表面更光滑，反射度更高，看起来明度更高，粗糙一些的则明度较低。同种颜色的同一种材质，选择表面光滑与粗糙的进行组合，就能够形成不同明度的差异，能够在小范围内制造出层次感。

白色占大部分面积，显得十分宽敞、明亮，墙面与桌面光滑度一致，感觉很清爽

光滑的面层易反射光线，与灰色的橱柜、不锈钢等结合，使白色墙面发生了色彩变化，不再直白、单调

3. 冷质和暖质

具有现代感的玻璃、金属等给人冰冷感的材质被称为冷质材料，布艺、皮革等具有柔软感的材质被称为暖质材料。木材、藤等介于冷暖之间，被称为中性材料。暖色调的冷质材料，暖色的温暖感有所减弱；冷色的暖质材料，冷色的感觉也会减弱。例如同为粉色，玻璃的质感要比布艺冷硬。

同样的蓝色，冷质的玻璃看上去要比柔软的暖质布艺冷硬

常见色彩印象

每种色彩都有自己独特的语言，可以给人深刻的第一印象，利用这些色彩印象进行配色可以第一时间抓住人们的注意力，成功地对空间进行配色。纯度、明度、色相的变化使色彩的视觉印象发生变化，掌控这些微妙的变化是成功配色的第一步。下面列出了一些空间常用的配色印象，用不同的色彩组合塑造不同的氛围。

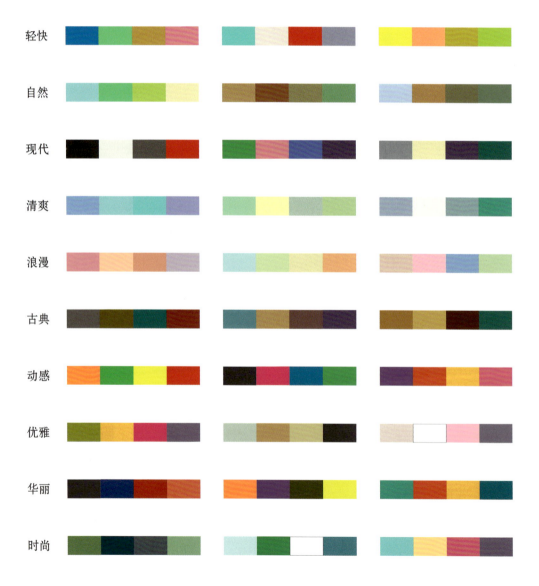

1. 色彩引领空间氛围

在家居空间中，占据最大面积的色彩，其色相和色调对整个空间的风格和气氛具有引领作用。因此，在进行空间的配色时，可以根据所需要的氛围来选择色彩。首先确定大面积色彩的色相，根据情感需求调节其明度和纯度，而后进行其他色彩的搭配，副色的选择对氛围的塑造也是非常重要的。

淡雅的色彩柔和　　厚重的暖色华丽　　暗沉的色彩严肃、厚重　　纯色欢快、活力

明色调明朗、愉悦　　微浊的色调高级　　高明度的暗色稳定　　厚重的冷色刚毅

根据氛围决定大面积色彩

高明度的暗色调，给人稳健、宁静的感觉

淡雅的色调感觉柔和

色调决定感觉

墙面采用明色调为主色,给人明朗、愉悦的感觉

高明度暗色为墙面主色,给人稳定、高雅的感觉

2. 色相与色彩印象

无论多么漂亮的配色方案，如果效果与所要表达的色彩印象不一致，就不能够给人传达出正确的色彩感情。

不同的色相给人的感觉是不同的，比如不同纯度或明度的冷色给人或清爽或暗沉的感觉，而暖色则给人或温暖、或厚重的感觉；粉色让人感觉浪漫，而紫色让人感觉神秘，绿色让人感觉自然等。

粉色感觉十分女性、柔美、浪漫

紫色系神秘、高贵

紫红色妩媚、娇美

黑、灰色刻板、时尚

黄色温暖、愉悦

橙色热情、活跃

紫色神秘，暗沉的紫色显得华丽

红色系热烈

蓝色清爽、冷静

绿色充满生机

蓝色清爽、纯粹，给人冷静感

 大面积冷色为主的空间,显得清爽、冷静

 大面积暖色为主的空间,使人感觉热情、温暖

 墙面为冷色使卧室看上去更加冷硬

 暖色调的卧室显得非常温暖

3. 色彩的对比

　　空间中的色彩不是独立存在的，这些色彩之间的对比也会左右整个空间的色彩印象。对比包括色相的对比、明度的对比和纯度的对比。增强色彩之间的对比，可以塑造出具有活力的色彩印象，反之，减弱色彩之间的对比则会给人高雅、绅士的感觉。因此，想要塑造活力感，就要提高色彩之间的对比关系；想要塑造平和感，就要减弱各色彩之间的对比关系。

色相对比

高对比

低对比

明度对比

高对比

低对比

纯度对比

高对比

低对比

背景色和主角色明度差异大，具有力度感

背景色和主角色明度差异小，稳定、温馨

高对比，有活力

低对比，感觉高雅

第二章
不同氛围的客厅配色

　　不同色彩组合，带给人的色彩印象也不尽相同，如暖色调温暖、活泼，冷色调清新、干净；通过对色彩进行有效的组合，搭配形成独特的色彩印象，可以令客厅呈现出百变容貌。

现代都市感的客厅配色

都市给人的印象是刻板的、冷硬的、人工化的，无色彩系的黑、白、灰色或者与低纯度的冷色调相搭配，能够表现出都市中素雅、冷峻、带有时尚感的氛围。其中，以各种灰色系为主色更能体现出雅致的氛围，若在配色中加入茶色系，可以增添厚重、时尚的感觉。

1. 都市气息客厅配色技巧

若追求冷酷和个性的家居氛围，可全部使用黑、白、灰进行配色；若喜欢另类的现代家居氛围，可采用强烈的对比色，如红配绿、蓝配黄等配色。

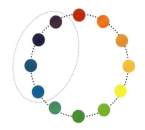

低纯度的冷色系具有都市气息

都市色彩具有素雅、冷峻感

都市气息客厅配色禁忌

都市气息的营造依赖于无彩色系的色彩，如黑色、灰色、白色，其中灰色可带有彩色倾向，例如蓝灰、紫灰等。若用大面积的高纯度彩色系色彩装饰客厅，则不会具有都市气息。

虽然有灰白色，但暖色面积过大　　彩色过多，白色为主角色也没有都市气息　　高明度的黄色使色彩组合失去都市感

大面积冷色虽然冷峻，但没有都市气息　　虽然有黑白色，但黄色面积过大　　暖色占据比例过大，失去冷峻感

2. 都市气息客厅配色实例

○ C0 M0 Y0 K0   ● C18 M21 Y28 K0   ● C49 M39 Y38 K0   ● C0 M0 Y0 K100

黄色中调入少量的红色，形成土黄色，比黄色要沉稳一些，与深棕色茶几和灰色地毯形成差距不大的层次感

用白色做主色更为通透、洁净

深蓝色的点缀使空间具有强烈的都市感

以黄色系为主，局部搭配深蓝色，塑造出冷静又温和的感觉，让人觉得安心、舒适

● C0 M0 Y0 K100   ○ C0 M0 Y0 K0
● C15 M23 Y31 K36   ● C12 M10 Y6 K10
● C80 M0 Y0 K86

黑色的冷峻塑造都市气息的基调

灰色和蓝色是塑造都市气息不可缺少的色彩，与黑色搭配给人稳定感

黑色可以表现出都市中冷峻、神秘的一面，采用大面积的黑色更能强化这一感觉。软装采用黄灰色和紫灰色，比单纯的灰色更加柔和一些，减轻黑色的沉重感

○ C0 M0 Y0 K0　　● C51 M70 Y17 K13
● C57 M58 Y76 K9　● C0 M0 Y0 K100

棕色、黑色、白色作为客厅的配色主体，渲染出浓郁的都市气息

白色作为客厅中明度最高的色彩，通过明度差的对比，彰显出了干练感

红棕色的沙发和深褐色的地面配色相呼应，既有层次感又不脱离整体性

棕色与墙面的灰色在明度的对比下，从视觉上给人墙面后退的感觉，有扩大客厅空间的作用

灰色的明度介于黑色和白色之间，用它与黑、白色搭配可以增添高雅感

淡色调的蓝色是客厅中唯一比较亮的色相，可以增添一点活力

○ C0 M0 Y0 K0
● C66 M65 Y68 K20
● C48 M37 Y36 K0
● C24 M20 Y22 K0
● C44 M16 Y17 K0
● C87 M80 Y69 K51

抑制的灰色，具有强烈的人工感，是具有代表性的都市色彩，搭配少许温暖的棕色和纯净的白色，具有质感的都市生活气息

第二章　不同氛围的客厅配色

○ C0 M0 Y0 K0　　● C47 M42 Y40 K0　　● C24 M35 Y78 K0　　● C50 M40 Y83 K14

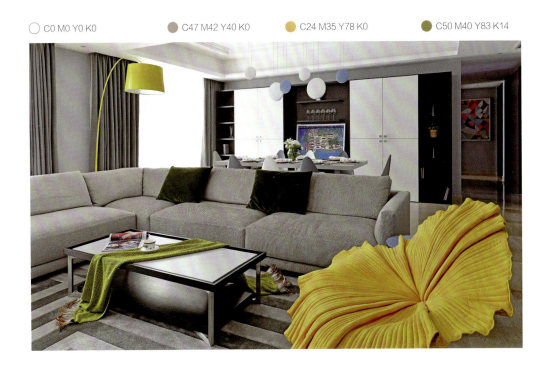

无色系为主的客厅配色降低了空间的温度，使人感觉人工、刻板，充分地演绎出了都市气息素雅、压抑的氛围。少量彩色的点缀，增添了一点生活气息

灰色具有绅士、睿智、有档次的感觉，用它作为客厅的主色，充分彰显都市氛围

黄色座椅是客厅中唯一的暖色，增添了一点温暖与活跃感

○ C0 M0 Y0 K0　　● C0 M0 Y0 K100
  C20 M15 Y16 K0　　 C17 M22 Y55 K0
  C8 M37 Y12 K0

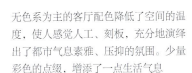

黑色的加入是点睛之笔，实现了都市气息中最为经典的黑、白、灰搭配

用金色和粉色做点缀，增添了一点活跃感和精致感，不会显得过于沉闷、单调

以无色系中的黑色及白色为主要部分，大面积的使用塑造清冷的都市形象，加入金色来强化这一主体氛围

充满生机的自然客厅配色

与冷峻的都市气息不同,自然韵味的色彩给人温和、朴素的印象。这些色彩源自泥土、树木、花草等自然界的素材,常见的有大地色系,如棕色、土黄色等低明度的色彩,以及绿色、黄色等。

1. 朴素、自然的客厅配色技巧

茶色系中同一色相不同色调的组合能够塑造出放松、朴素的氛围,如深茶色到浅棕色的组合。绿色和褐色的组合是最经典的自然色彩组合方式,不论鲜艳的还是素雅的,都能体现自然美。

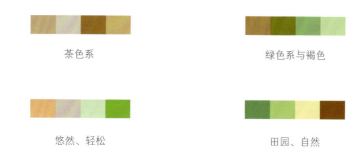

茶色系　　　　　　　　　　　绿色系与褐色

悠然、轻松　　　　　　　　　田园、自然

朴素、自然的客厅配色禁忌

想到自然,最具代表性的色彩就是绿叶的绿色和大地的褐色。但也不是所有的绿色都可以表现出自然韵味,淡雅的绿色系就显得浪漫而自然感少一些。另外,冷色系、过于艳丽的暖色系等组合,也会缺乏大自然的气息。

虽然有绿色,但冷色系为主体,显得冷峻　　　淡雅的绿色柔和,但缺乏生机　　　绿色与艳丽的暖色等比组合,充满活力

2. 朴素、自然的客厅配色实例

- C38 M8 Y60 K41
- C5 M43 Y69 K32
- C2 M14 Y23 K11
- C7 M57 Y92 K42
- C53 M0 Y53 K83

整体采用茶色与绿色两种类似型组合的色调，塑造出具有稳定感的朴素、悠然的空间氛围，使人的心情变得祥和、安定

带有一些灰度的绿色是树木及草地的颜色，体现自然美

用比大面积色彩组合明度略低的色调做点缀，既强化了稳定感也增添了层次

- C49 M22 Y30 K0
- C35 M30 Y35 K0
- C27 M33 Y43 K0
- C20 M15 Y14 K0

浊色调绿色具有稳定感的自然气息

沙发的亚麻灰色与地毯的米灰色、茶几的浅棕色形成了渐变的层次感，避免了单调，塑造出了放松、朴素的氛围

以绿色和亚麻灰色组成的客厅配色，具有典型的自然美感，营造出悠然、舒适的氛围

- C0 M0 Y0 K0
- C35 M30 Y35 K0
- C27 M33 Y43 K0
- C20 M15 Y14 K0

白色与深棕色的搭配使用，减轻了顶部的沉重感，使空间整体比例更和谐

点缀色整体呈现低明度、低纯度的状态，这样的组合使客厅整体更为沉稳，增强人的心理安全感

茶色系中，从米灰色到深棕色的不同色调的组合，渲染出了放松、柔和的自然氛围，白色的加入强化了清爽的气息

- C0 M0 Y0 K0
- C49 M22 Y30 K0
- C35 M30 Y35 K0
- C27 M33 Y43 K0
- C20 M15 Y14 K0

带有些许黄色的棕色与绿色搭配，是自然气息塑造的关键部分

米黄色塑造轻松、悠然的视觉感

灰绿色座椅和草绿色靠枕增添了清爽感，低明度的处理方式避免了过于刺激，更符合自然气息的温和氛围

以米色、黄色、灰蓝色及草绿色组成的客厅呈现出开放而温暖的氛围，暖色的基调使人放松，灰蓝色的加入是形成清新气息的重点部分

第二章　不同氛围的客厅配色

- C49 M22 Y30 K0
- C35 M30 Y35 K0
- C27 M33 Y43 K0
- C20 M15 Y14 K0

以绿色和黄色组成的类似型配色为基调，加入了绿色的对决型红色，使客厅在悠然的自然气息中增添了一些活泼和开放感

以淡雅的绿色为背景色，奠定了舒适、悠然的整体基调

用降低了明度的红色做点配角色，使以稳定为基调的整体空间增添了开放感

- C50 M34 Y64 K0
- C38 M32 Y45 K0
- C62 M68 Y80 K26
- C21 M84 Y39 K0
- C67 M36 Y93 K2

绿色系与褐色系的组合具有朴素、放松的自然气息，这些自然界中存在的色彩能够使人感到安定、祥和

棕色与绿色组合具有浓郁的自然气息

红与绿是红花与绿叶的色彩，相生相依，具有勃勃生机，作为点缀色，能够强化自然美

047

家居色彩设计指南

使人感到清新的客厅配色

越接近白色的淡色调色彩，越能体现出清新的视觉效果。以冷色色相为主、色彩对比度较低、整体配色以融合感为基础，是清新色彩印象的基本要求。

1. 清新的客厅配色技巧

高明度的蓝、绿色是体现清新感的最佳选择，加入白色，凸显清爽；加入黄绿色，则能体现自然、平和的视觉感。

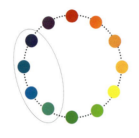

淡雅的蓝、绿色具有清新感

以冷色为中心，制造清新感

清新的客厅配色禁忌

清新氛围要依靠冷色调来塑造，但是客厅空间中，如果仅有冷色调会失去温馨感，显得过于冷硬，多少都会搭配一些暖色调。塑造清新氛围的客厅，暖色调的比例和地位就显得尤为重要，尽量避免将暖色调作为背景色和主角色使用。如果暖色占据主要位置，则会失去清爽感。

浅黄色为背景色，蓝色为主角色，失去清新感

浅蓝色为背景色，主、配角色为暖色，没有清新感

背景及配角色为冷色，暖色为主角色，清新感不显著

2. 清新的客厅配色实例

- C0 M0 Y0 K0
- C57 M33 Y13 K0
- C95 M81 Y1 K0
- C81 M53 Y100 K23

蓝色为主色与白色搭配，展现出浓郁的清爽感觉

绿色与蓝色属于类似型配色，增添稳定感

蓝色与白色搭配是最为经典的清爽气息塑造手法，加入了偏冷调的绿色显得更加爽快，并蕴含了平和、自然的感觉

- C80 M32 Y0 K21
- C0 M0 Y0 K0
- C0 M33 Y72 K42
- C68 M0 Y100 K46
- C0 M86 Y90 K40

蓝色为主的客厅透着清爽的感觉，调入些许灰色的黄色除了柔和感，更多了一些稳健和雅致，与明亮的蓝色搭配更为融洽

提升了明度的蓝色明亮而柔和，配以白色更显清新感

用对决型配色的绿色和红色做点缀色，为平稳的配色印象带进了开放感，活跃了客厅的氛围

049

家居 色彩 设计 指南

- C16 M8 Y5 K5
- C56 M57 Y62 K4
- C28 M38 Y51 K0
- C69 M31 Y35 K0

清新色彩印象的塑造离不开冷色系，但居住空间仍以舒适为主要诉求，因此，冷暖色的和谐融合是十分必要的。用加入红色的沉稳黄色与蓝色搭配，既能凸显主体风格又不失温和感

灰白色相对白色更加稳重，也是塑造具有清爽印象客厅必不可少的一种色彩

棕色的使用增添了柔和感，在视觉上形成了冷暖的层次感

- C42 M35 Y22 K0
- C0 M0 Y0 K0
- C44 M17 Y14 K0
- C31 M47 Y85 K0

以蓝、白组合为大面积的色彩搭配，塑造出清新、文雅的氛围。加入高明度淡雅的米色，传达出轻柔、温和的色彩印象，避免过于冷硬失去舒适感

用最为经典的清新色彩组合蓝与白，作为空间的主要配色，塑造舒爽的主题氛围

冷色过多会让人觉得缺乏生活气息，用低明度黄色进行调节，增添温暖感

第二章　不同氛围的客厅配色

○ C0 M0 Y0 K0
● C80 M56 Y49 K7
● C76 M60 Y43 K2
● C35 M38 Y45 K0
● C40 M94 Y83 K4

以白色为主角色清爽、明亮，奠定了清新氛围的基础

具有明亮、柔和感的色彩搭配能够塑造出清凉感，红色虽然占据的面积不大，却有抢眼的视觉效果

白色为背景色使客厅更加宽敞、明亮，搭配冷色系的色彩，营造出了清新、凉爽的空间印象，暖色的家具增添了舒适感

○ C0 M0 Y0 K0
● C29 M16 Y24 K0
● C24 M40 Y49 K0
● C44 M52 Y56 K0
● C73 M50 Y25 K0

带有些许黄色的白色，与绿色搭配是自然气息塑造的关键部分

灰褐色以及浅黄灰属于偏冷色的暖色调，用这样的组合做点缀色，使空间整体感觉和谐、融洽

冷色搭配暖色以及偏冷的暖色，塑造出了具有重量感、稳定感的清新空间。高明度的米色与蓝色虽为冷暖色，但色调的和谐使整体非常融洽

古典韵味的客厅配色

古典风格经历了历史长河的凝练,具有传统、厚重的韵味,温暖而厚重的暖色及中性色给人沉静与安稳的感觉,具有传统和怀旧的氛围。

1. 古典韵味的客厅配色技巧

具有代表性的古典色彩包括明度和纯度较低的茶色系、褐色系以及红色系,用其中的两种或三种进行搭配,便可以塑造出具有古典韵味的客厅。以厚重的暖色为主色,加入暗冷色可以增添可靠感;加入紫色系显得更有格调。

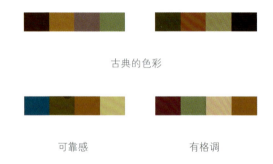

古典的色彩

可靠感　　　　有格调

古典韵味的客厅配色禁忌

古典韵味的塑造主要依靠具有厚重感的深暗暖色系,明亮的暖色系温馨、安宁,但缺乏厚重感;以冷色系为中心进行配色,虽然有果敢、严谨的视觉效果,却缺乏历史的悠久感。

以冷色为中心,没有历史的悠久感　　明亮的暖色系温馨、舒适但不厚重　　有深暗的暖色,但面积过小,没有古典韵味

2. 古典韵味的客厅配色实例

- C51 M92 Y91 K31
- C73 M76 Y81 K54
- C24 M21 Y26 K0

大面积的暗调暖色塑造古典韵味，使空间更显坚定、可靠

红色是中式古典色彩的代表色，降低明度的红色降低了躁动感

- C16 M16 Y16 K0
- C22 M27 Y87 K0
- C70 M73 Y91 K50

暖色调和无色系组合起来，丰富了空间的色彩种类，增加了开放感

降低了纯度的褐色，给人一种可靠、坚实的感觉

全部使用米白色和深棕色塑造的古典韵味会让人感觉沉闷，适当地加入经过降低明度和纯度处理的暖色，不会破坏传统韵味的同时还能增加活跃感

家居色彩设计指南

- C0 M0 Y0 K0
- C19 M16 Y22 K0
- C60 M64 Y66 K10
- C11 M70 Y59 K0

采用具有代表性的、传统的棕红色作为主角色,搭配浅灰色、深蓝色以及亮橙色塑造的氛围兼具了厚重感和开放感

白色与浅灰色具有很强的融合力,能够使重点配色更为突出

棕红色的家具搭配亮橙色的软装饰,古典气质油然而生

- C8 M11 Y13 K0
- C34 M47 Y50 K0
- C35 M67 Y87 K1

整体采用棕红色与米黄色两种类似型组合的色调,塑造出具有稳定感的朴素、悠然的空间氛围,使人的心情变得祥和、安定

米色淡雅、柔和,与低明度的暖色搭配更为和谐

棕红色是客厅中古典韵味的灵魂,用纤细的家具和界面线条做载体,避免过于沉闷

第二章 不同氛围的客厅配色

○ C11 M4 Y9 K0   ● C53 M72 Y78 K14   ● C50 M17 Y38 K0   ● C21 M22 Y90 K0

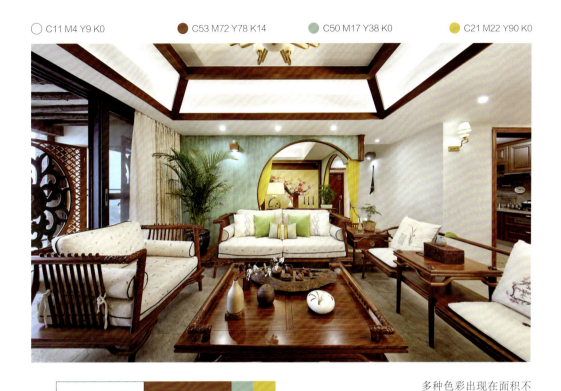

棕红色家具呼应古典的主题，对比墙面的色调使空间感更舒适

黄色和绿色的使用，让空间不那么单调和沉闷

多种色彩出现在面积不大的空间中，各色彩之间的舒适比例及冷暖的恰当组合使客厅显得和谐、融洽

○ C5 M11 Y15 K0
● C29 M31 Y32 K0
● C54 M36 Y37 K0

淡雅和厚重的结合，塑造出具有舒适感的古典风格，一味的厚重会让人感觉沉闷，恰当地融入温柔的浅色带入轻松感

用比较厚重的浅咖色作为背景色，具有十分坚实的视觉感

灰绿色淡雅、温和，作为点缀色使用，增添清透感，避免压抑

055

甜美浪漫的客厅配色

想要塑造出浪漫的氛围,需要采用明亮的色调来制造梦幻、朦胧的感觉。同一种颜色,色调越纯粹、鲜艳,越具有活力,浪漫的感觉越减少。紫红、红色、蓝色等,特别适合表现浪漫的色彩印象。

1. 甜美浪漫的客厅配色技巧

在所有的色相中,粉红色是最具浪漫氛围的色彩,若搭配淡雅的黄色,更能强化朦胧感,再配以淡蓝色,能够给人充满希望的印象,塑造出仿佛童话世界般的感觉。

浪漫、甜美的色彩印象

童话般的感觉

甜美浪漫的客厅配色禁忌

明亮的粉色、粉紫、紫红、淡蓝和果绿之中的几种组合起来能够塑造浪漫的氛围。反之,如果使用纯色调、暗色调或者冷色调的色彩互相搭配则不会产生甜美、朦胧的效果。

冷色调的组合,清爽但没有甜美感　　纯度高的色调组合,明快但缺乏朦胧感　　提升了明度的暗色调组合具有古典感

2. 甜美浪漫的客厅配色实例

- ○ C0 M0 Y0 K0
- ● C42 M47 Y54 K0
- ● C16 M37 Y33 K0
- ● C53 M31 Y22 K0

以淡雅的粉色搭配同样淡雅的灰蓝色，渲染出平和淡雅的浪漫氛围

褐色的地面比白色墙面有重量感，可以拉开空间

蓝色中调入了灰色，与粉色融合更为和谐，降低了对比感，更适合表现浪漫感

- ○ C0 M0 Y0 K0
- ● C28 M35 Y28 K0
- ● C34 M22 Y5 K0
- ● C65 M60 Y19 K1
- ● C3 M35 Y62 K0
- ● C76 M66 Y53 K11
- ● C0 M0 Y0 K100

低明度的粉色和紫色，既能传达出甜美浪漫的感觉，又不会过于刺激

用橙色和灰色搭配，降低了橙色的视觉冲击力

将不同明度的紫色加入橙色、脏粉色的空间中，塑造出具有纯粹、甜美的浪漫氛围。少量的黑色和灰色，增添了色彩的数量但不会破坏整体氛围

家居色彩设计指南

- C20 M36 Y29 K0
- C32 M28 Y25 K0
- C83 M66 Y88 K48

以粉色为主,搭配浅木色塑造客厅空间甜美、浪漫的基调

客厅中,粉色占据面积的1/3或者作为背景色,就会带给空间甜美的氛围

墨绿色比绿色多了高级感,与粉色搭配,反而能突出浪漫的感觉

- C0 M0 Y0 K0
- C82 M53 Y82 K16
- C21 M38 Y53 K0
- C16 M47 Y18 K0

在绿色为主的空间中,加入淡雅明亮的粉色和中调的褐色,能够塑造出童话般天真、醇美,让人向往的氛围

绿色与褐色组合作为配角色,为梦幻的空间增添了一些自然感,给人以希望

明亮淡雅的粉色,具有透明的纯真感,与白色搭配具有甜美氛围

第二章　不同氛围的客厅配色

 C0 M0 Y0 K0
 C6 M21 Y9 K0
● C35 M74 Y28 K0
● C72 M54 Y79 K14

白色纯洁、直白，因为客厅面积不大，所以采用了白色为主角色

两种色调的粉色为客厅增添了一丝浪漫、甜美的氛围

轻柔、淡雅的色彩组合表现出甜美、天真的浪漫氛围。大面积的白色与粉色形成了明度差，扩大了配色的视觉张力

● C21 M15 Y17 K0　　● C76 M69 Y69 K33　　● C97 M87 Y54 K27　　● C39 M24 Y18 K0

略深一些的蓝色在地面上做点缀，形成了规律的节奏感

明亮、淡雅的蓝色具有透明、朦胧、纯真的感觉

用蓝色为主色塑造的浪漫客厅空间，因蓝色的纯度及明度变化，整体统一中富有层次变化

活力满满的休闲客厅配色

休闲的、具有活力的配色，要以明度和纯度较高的色调为主色。在色相的组合上，以暖色为中心，搭配冷色，全相型配色方式最适合用来彰显具有开朗感的氛围。

1. 活力满满的客厅配色技巧

明亮的橙色、黄色和红色系，具有热烈、活跃的色彩感，是表现活力氛围必不可少的色彩。除此之外，加入纯度和明度较高的绿色和蓝色作为配角色或点缀色，能够使色彩组合显得更加开放，增强开朗的感觉。

活力的组合

开朗的组合

活力满满的客厅配色禁忌

活力氛围的客厅主要依靠明亮的暖色相为主色来营造，冷色系加入做调节可以提升配色的张力。若以冷色系或者暗沉的暖色系为主色，则会失去活力和休闲的氛围。

冷色相为配色中心，给人凉爽感　　暗沉的色调或平和或华丽，缺乏活力　　虽有橙色和黄色，但色相过少、不够开朗

2. 活力满满的客厅配色实例

○ C0 M0 Y0 K0　　● C51 M27 Y31 K0
● C34 M44 Y100 K0　● C66 M29 Y98 K0
● C25 M95 Y100 K0

以白色为主色，可以加强与有色色相之间的明度差，使活力更为显著

准对决型组合的橙黄色及灰蓝色，对决型的绿色与红色，是渲染活跃氛围的重要组成部分

蓝色与白色搭配是最为经典的清爽气息塑造手法，加入了偏冷调的绿色显得更加爽快，并蕴含了平和、自然的感觉

○ C0 M0 Y0 K0
● C100 M52 Y26 K20
● C100 M44 Y60 K23
● C0 M22 Y91 K16
● C4 M88 Y95 K11
● C7 M40 Y88 K25
● C0 M95 Y100 K44

以无色系的白色做主色，塑造了一个具有融合力的基础，用蓝色及橙色、黄色、红色之间的强烈对比营造出活跃感

以类似型的黄灰色搭配灰绿色，塑造出了具有稳定感的自然气息

孔雀蓝、黄色、橙色是构成活跃氛围的主体，虽然是点缀色，面积不大，但色相之间的对比激化出开放感

家居色彩设计指南

- C32 M34 Y40 K0
- C48 M58 Y59 K2
- C82 M55 Y66 K13
- C21 M33 Y83 K0

以绿色和黄色系为基调,营造出开朗、阳光的气氛

经过调和的绿色和浅褐色降低了纯度,使空间既具有节奏又具有厚重感,避免轻飘

黄色具有开朗的气质,作为配角色能够帮助营造出十分开朗的氛围

- C2 M2 Y7 K0
- C33 M33 Y35 K0
- C26 M38 Y82 K0
- C100 M89 Y34 K1

米白色搭配黄色、蓝色,显著的明度差异表现出鲜明的活力,虽然客厅面积不大,却给人充满朝气的感觉

相较纯白色,米白色看起来更加温和,不仅能够增添整洁感,还可以提升温馨感

黄色和蓝色的加入,是客厅活力的来源

第二章 不同氛围的客厅配色

○ C19 M18 Y16 K0
● C26 M65 Y100 K0
● C61 M69 Y100 K31

以橙色这样明亮的暖色调为配色中心,围绕着这种色彩形成活跃感

米灰色为主色,为空间带来平和淡雅的氛围基调

橙色收纳柜是渲染活跃氛围的重要组成部分

● C20 M28 Y33 K0
● C12 M27 Y18 K0
● C11 M7 Y336 K0
● C40 M25 Y27 K0

以鲜艳的黄色和粉红色做碰撞,激发出活力感,使配色效果更为开放

浅粉色增添了一点浪漫和温柔感

黄色搭配上粉红色比单一的黄色更加热情,且带有一点甜美感

063

华丽的客厅配色

要传达出华丽、豪华的氛围,应以纯色或接近纯色的暖色调为配色中心。虽然都是浓郁的色调,但华丽感所需要的暖色是纯粹的,而复古韵味需要的是暗色调。

1. 华丽的客厅配色技巧

表现具有喜悦感的华丽氛围,以红、橙色系的暖色为配色中心即可,而以紫红、紫色为主的配色,具有妩媚的华丽感,若加以金色,则会显得奢华,加上黑色,则会显得神秘。

具有喜悦感的　　　　　　　　　　娇媚的、神秘的

华丽的客厅配色禁忌

华丽感的塑造,依靠接近纯色的暖色或者紫红色系。在进行配色时,需要注意的是,同样是以紫红色系为主的配色方式,浪漫氛围使用的是柔和的淡色调,而复古感依靠的是深暗的暖色,如果分不清楚或者把主要色相放错了位置,三种风格很容易混淆。

浅粉色为配色中心,具有浪漫感　　暗色调显得古典、厚重,没有华丽感　　冷色为中心的配色睿智但没有华丽感

2. 华丽的客厅配色实例

● C79 M61 Y47 K4　　● C32 M3 Y3 K0　　● C13 M9 Y5 K0　　● C27 M42 Y75 K37

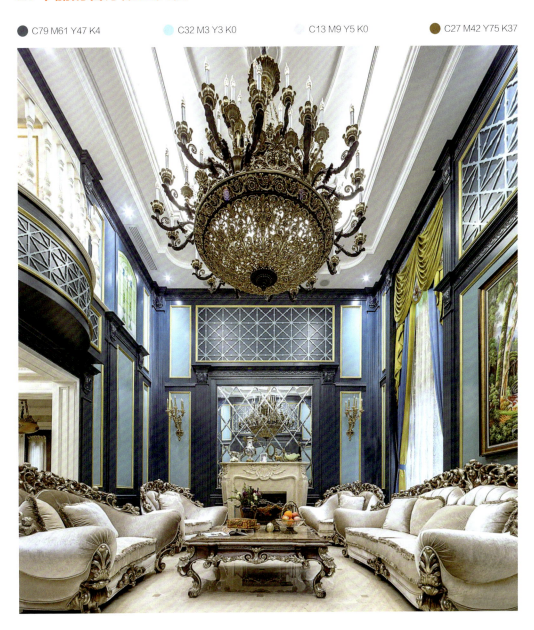

不同纯度的蓝色作为主要配色，不仅具有层次感，而且给人豪华且质地精良的感觉

白灰色做主角色，与蓝色形成了具有明快感的明度对比

以不同纯度的蓝色为客厅主色，搭配深金色以及带有珠光感的白灰色，塑造出兼具娇美和华丽的空间氛围

家居色彩设计指南

○ C0 M0 Y0 K0
● C49 M95 Y100 K29
● C27 M35 Y37 K0
● C51 M75 Y35 K0

神秘的紫色搭配华丽但不张扬的白色，华丽、浓郁而兼具异域风情

深暗的红色为重色，可以用来进行一些压制，避免空间感失调

紫色给人神秘感，大面积使用能够表现出低调的华丽感

● C45 M85 Y60 K4
● C75 M56 Y100 K23
● C53 M80 Y97 K26
● C27 M5 Y7 K0

红、绿色系的浓暗暖色为主要部分，塑造出温暖而又不失活泼的整体氛围，为了避免暖色过多而产生沉闷感，配饰上选择了具有对比效果的绿色加入

深暗的玫红色作为背景色，表现丰足、华丽的视觉印象

深暗的墨绿色与背景色构成对决型配色，增加开放感

第二章　不同氛围的客厅配色

● C11 M28 Y36 K0　● C56 M23 Y13 K0　● C87 M52 Y45 K0　● C95 M76 Y43 K5　● C24 M28 Y33 K0

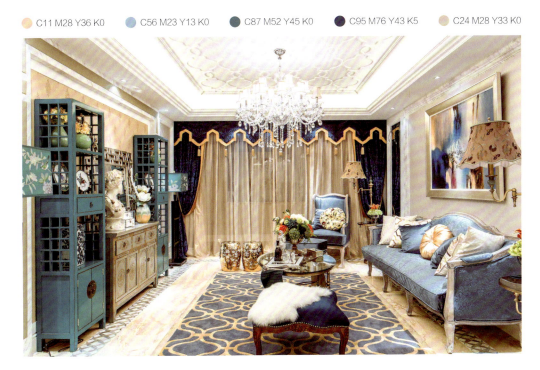

蓝色带有典雅高贵的气质，不同纯度的蓝色搭配，不显得死板，反而很能体现风格氛围

在以高纯度冷色为主的客厅中加入黄色系，产生了奢侈、华丽的视觉感

蓝色系的家具具有丰富、浓郁的质感，用其做配色中心表现出兼具成熟感和华丽感的氛围，配以金色更显耀眼

○ C0 M0 Y0 K0
● C53 M65 Y94 K13
● C83 M73 Y42 K4
● C27 M36 Y62 K0

以白色为主色，可以加强与有色色相之间的明度差，使活力更为显著

用深棕色的加入来调节无色系墙面带来的刺激和沉闷

金色的使用让客厅的氛围立马变得精致起来，深色系的家具组合，展现出沉稳又端庄的感觉

让人感到温暖的客厅

每种色彩都有其独特的色彩印象,最直观的感受就是色调型中的冷暖色调,通常冷色调使人感觉冷静、清新,暖色使人感觉热烈、温暖。在色相环上的暖色调中,黄色系的色调使人感觉温暖,用其作为主角色进行配色能够营造出温暖、轻松的氛围。

1. 温暖氛围客厅配色技巧

具有温暖感的客厅,需要表现出平和而又舒缓的氛围,不宜过于活跃、激烈或者过于沉闷,主体采用类似型配色,更能表现应有的氛围。

黄色系给人温暖感

类似型配色温暖又稳定

温暖氛围客厅配色禁忌

暖色调使人感觉温暖,冷色系使人感觉凉爽、冷硬。塑造具有温暖气氛的客厅,应以暖色调为背景色及主色,避免让冷色调占据过大面积,否则将会失去温暖感。

不论淡色调还是暗色调的冷色都让人感觉不到温暖

以冷色为背景色失去温暖感

以冷色为主角色,温暖感也不显著

2. 温暖氛围客厅配色实例

- C26 M18 Y36 K0
- C69 M78 Y100 K56
- C52 M56 Y55 K0
- C50 M89 Y99 K28

用不同明度的大面积米黄色做背景色，能够明确地传达出温馨的情感，以深棕色和淡米白色作为主角色，通过明暗对比更加凸显背景的温馨感，而后用暗红色做点缀活跃层次感

背景色占据面积最大，是传达所要表现情感的最有效途径。用米黄色系做背景色传达出温馨的主题

暗红色做点缀，加强了整体配色的冲击力

- C48 M57 Y69 K2
- C43 M42 Y42 K0
- C28 M36 Y47 K0
- C16 M8 Y6 K0

木色作为背景色，大面积使用，用淡雅的感觉塑造温暖的基调

明度略低的灰色作为主角色，丰富了层次感，既不突兀又不过于单调

黄色调和成为木色，塑造温暖的氛围，加入浅灰色，调节整体节奏，避免单调感，白色减轻重量感，使色彩之间的比例和谐、舒适

家居色彩设计指南

- C11 M15 Y38 K6
- C0 M16 Y36 K21
- C0 M0 Y0 K0
- C5 M28 Y62 K18
- C0 M50 Y95 K55

温暖感的表现更多地依赖于具有温馨、柔和氛围的米色系，与具有阳光感的黄色不同的是，同样让人感觉温暖，米色则更舒适、更可靠

> 白色提亮了整个空间，使客厅看上去更为整洁、明亮

> 纯度更高一些的米黄色和黄褐色做地面色彩，具有厚重感，拉开了空间感

- C4 M24 Y53 K15
- C6 M51 Y83 K38
- C0 M90 Y95 K42
- C100 M90 Y38 K0
- C72 M0 Y44 K60

以黄色系为主，搭配米色及咖色，形成类似型配色，塑造出稳定的温暖感，让人觉得安心、舒适。点缀色采用红、绿以及蓝、绿两种配色方式，增添开放感

> 浅米黄色作为主墙面色调给人温暖的第一印象

> 点缀色分别采用了红与绿的对决型配色以及蓝与绿的类似型配色方式，浓郁的配色增添了空间的重量感，避免了浅色的轻飘

第三章

不同氛围的餐厅配色

餐厅都适合采用什么样的色彩搭配方式？常见的餐厅配色都有什么类型？白色的餐厅、橙色的餐厅都有什么意义？本章对餐厅的配色进行详尽的解答，各种具有针对性的配色方式均可得到答案。

增进食欲的餐厅配色

通常来说，具有热烈感的色彩能够起到促进食欲的作用。例如高纯度或接近纯色的橙色、黄色和红色，这类暖色具有强烈的刺激感和欢快感，能够鼓励人进食。

1. 增进食欲的餐厅配色技巧

用橙色、黄色和红色搭配白色，可以强化明快感；采用其中的两种进行搭配，例如明度低一些的橙色搭配黄色，能够强化温暖而有食欲的氛围。用白色做大面积的主色，局部搭配橙色、黄色或红色的家具或者装饰，可以降低刺激感，显得明快。

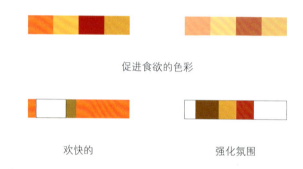

促进食欲的色彩

欢快的　　　　　　　　　强化氛围

增进食欲的餐厅配色禁忌

高纯度的暖色具有积极、向上的感觉，因此能够起到促进食欲的作用，而高纯度的冷色则给人消极、冷硬的感觉，因此不宜用来表现具有促进性的餐厅。厚重的、暗沉的暖色过于厚重；黑色、灰色刻板，同样不适用。

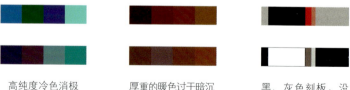

高纯度冷色消极　　　厚重的暖色过于暗沉　　　黑、灰色刻板，没有愉悦感

2. 增进食欲的餐厅配色实例

○ C0 M0 Y0 K0   ● C9 M47 Y66 K0
● C37 M40 Y46 K0   ● C82 M67 Y48 K7
● C22 M92 Y98 K1

> 橙色能够促进人的食欲，用在顶面上可以压低重心，降低刺激感

> 用深蓝色的餐椅做点缀，强化主体氛围，使空间整体重量平衡

将橙色放在顶面和立面部分，上面搭配深蓝色的灯具，大面积部分以白色为主色，这样做既能够达到促进食欲的目的，又不会因为过于刺激而产生烦躁感

● C0 M36 Y100 K7   ● C0 M95 Y100 K44
● C0 M64 Y85 K7   ● C18 M67 Y87 K22
○ C0 M0 Y0 K0

> 深橘色的家具是室内明度最低的颜色，增添稳定感，避免激烈的颜色过于活跃

> 用黄色、红色以及橙色渲染具有促进食欲作用的餐厅氛围

三种高纯度的艳丽暖色渲染出具有热烈感、活泼感的餐厅氛围，令人兴奋的色彩能够使人愉悦，进而达到促进食欲的作用

家居色彩设计指南

○ C0 M0 Y0 K0
● C74 M75 Y74 K47
● C18 M59 Y77 K0
● C37 M51 Y62 K0
● C15 M32 Y91 K0

白色做墙面背景色，搭配褐色的地面，塑造一个温暖的主色调。用深橘色做家具色彩，既能起到装饰作用又避免大面积过于刺激

褐色地板使地面更具重量感，同色系的餐桌椅与地面之间更具层次感

作为点缀使用的黄色既能起到促进食欲的作用，又不会觉得过于刺激

○ C0 M0 Y0 K0
● C18 M33 Y48 K0
● C0 M72 Y92 K0
● C78 M13 Y70 K0

干净的白色与明亮的橙色，给人一种温和的、饱满的感觉，再以绿色点缀，可以起到活跃氛围、增进愉快的用餐心情的作用

黄色降低明度，减低了过于刺激耀眼的感觉，变得温和，更容易让多数人接受

橘色是具有促进食欲作用的主要色彩，用在家具上时可以降低刺激的感觉

第三章　不同氛围的餐厅配色

○ C0 M0 Y0 K0
● C0 M0 Y0 K100
● C15 M42 Y91 K0
● C2 M56 Y69 K0
○ C48 M8 Y13 K0

橙色与白色作为空间中的背景色，奠定了餐厅的温暖基调

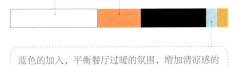

蓝色的加入，平衡餐厅过暖的氛围，增加清凉感的同时又不破坏整体温馨氛围

橙色与黄色是最具温暖感的色彩，大面积的橘色还提亮原本暗淡的餐厅，而明黄色的运用虽然不多，但是非常抢眼，是配色中的点睛之笔

○ C0 M0 Y0 K0
● C32 M49 Y70 K0
● C13 M74 Y84 K0

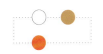

没有依靠大面积橙色来呈现温馨型的餐厅氛围，而是巧妙运用了材质的温暖性，再利用橘色作为点缀，就轻易达到配色目的

实木复合地板和餐桌均采用暖褐色，无论色彩还是材质均带有温暖感

橙色的点缀运用十分亮眼，虽然运用比例不大，但大大提升了空间的温馨氛围

带有简约感的餐厅配色

简约,给人简洁、利落的感觉,简约感通常是通过白色、黑色来表现的。此种色彩印象以白色为主色,搭配黑色,或少量其他色彩,体现一种空旷的、宽敞的色彩印象。

1. 带有简约感的餐厅配色技巧

通常,主色之外的大面积点缀色彩不会超过三种,或者所选择的配色均在同一色相下,仅做明度或纯度的变化,以增添层次感。

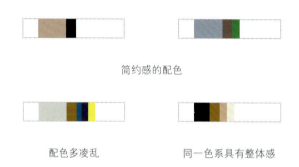

简约感的配色

配色多凌乱　　　　　　　　同一色系具有整体感

带有简约感的餐厅配色禁忌

简约氛围的餐厅具有宽敞、明亮的感觉,避免采用多种面积相等的色彩进行搭配,显得凌乱而失去简约感。因简约氛围中白色的面积大,因此点缀色不宜采用过多的鲜艳的色彩,会分化人的视觉中心,失去整体感。

面积相等的色彩过多,具有凌乱感　　　点缀色过于鲜艳,分散视觉注意力

2. 带有简约感的餐厅配色实例

○ C0 M0 Y0 K0　　● C26 M27 Y29 K0
● C0 M0 Y0 K100　● C25 M35 Y70 K0

白色是最具容纳力的色彩，与任何色彩搭配都十分和谐，用它做主色表现简约，可体现精髓

黑色做点缀，加入了刻板的印象，更符合简约的韵味

金色点缀在墙面，增添了华丽感

简约讲究少就是多，色彩的搭配上也呼应这一原则，采用白色做主色追求宽敞的诉求，而黄色系的加入平衡白色的冷硬，使空间氛围更为舒适

○ C0 M0 Y0 K0　　○ C10 M14 Y17 K0
● C51 M33 Y50 K0　● C25 M0 Y100 K0

餐厅空间若过于冷硬，会对人的食欲产生影响，茶色用在地面上，既能增添沉稳重感，又能增添舒适感

白色多造型少的空间易显得呆板，少量明亮色彩的点缀能够活跃氛围，避免单调

白色为主色，使空间宽敞、明亮，搭配茶色做副色，增添沉稳和温暖感，少量黄色做点缀，整体氛围更为舒适、轻松

○ C0 M0 Y0 K0
● C68 M61 Y54 K5
● C85 M70 Y49 K10

用黑、白组合以外的色彩也能够塑造具有简约感的餐厅，深灰色用在地面上，加以深蓝色做点缀，舒适而高雅

深蓝色用在橱柜上做点缀，既能够丰富层次感，又可以使空间更加沉稳

○ C0 M0 Y0 K0　　● C0 M0 Y0 K100
● C54 M58 Y63 K5　● C76 M53 Y80 K14
● C26 M46 Y91 K0

白色与黑色混搭的墙面设计，形成了具有两极感的简约基调

小面积的点缀色采用了低明度色调，与空间整体色调呼应，避免凌乱

用白色做主色，黑色或棕色做副色，可以营造出充满现代个性但不冰冷的简约氛围，再以深色调绿色搭配，还能增添沉稳复古的感觉

第三章　不同氛围的餐厅配色

● C0 M0 Y0 K100
○ C0 M0 Y0 K0

黑色是明度最低的色彩，具有绝对的重量感，将其与白色搭配，避免了大面积黑色的压抑感

空间中大面积的黑色使用令空间看起来十分冷静，白色的加入平衡黑色的沉闷感，更增添了居室的简约感

○ C0 M0 Y0 K0
● C60 M71 Y73 K23
● C0 M0 Y0 K100

大面积白色与深棕色组合的空间，有着平和而简约的氛围，黑色作为调剂配色出现，使空间配色更加稳定

背景色为白色，奠定了餐厅简洁而干净的气质

大面积的白色显得洁净但也缺乏舒适感，用暖棕色的地面平衡，使氛围更适合餐厅

田园般氛围的餐厅配色

田园氛围具有犹如回归田园般的生机勃勃、春意盎然的感觉,营造此种氛围的色彩,均取自于大自然,具有代表性的诸如树木的绿色,土地的褐色,花朵的粉色、红色,竹子的黄色等。

1. 田园般氛围的餐厅配色技巧

田园氛围的餐厅使人放松,感到愉悦,能够心情平静地进餐,十分适合急躁的都市人。在色彩的组合中加入米色、米黄色可以强化舒适感;加入白色可以扩大配色的张力。

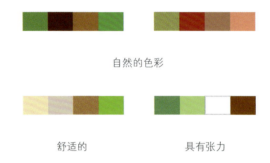

自然的色彩

舒适的　　　　　　　具有张力

田园般氛围的餐厅配色禁忌

田园氛围表现的是一种自然的、充满生机的舒适氛围。因此,大面积的冷色不宜使用,特别是过于厚重的冷色,太过冷峻,缺乏舒适感。艳丽的色彩,如黄色、红色等,不宜大面积使用,可仅做点缀。

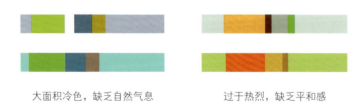

大面积冷色,缺乏自然气息　　　　过于热烈,缺乏平和感

2. 田园般氛围的餐厅配色实例

- C47 M20 Y35 K0
- C0 M0 Y0 K0
- C25 M29 Y50 K0

用白色和绿色搭配,在田园氛围的餐厅中增添了明快的节奏感,同时有整洁、有序的感觉

原木色具有浓郁的自然韵味,用这样的餐桌椅与绿色的墙面搭配,使人犹如置身于大自然中

以绿色作为大面积的背景色,塑造出了自然风情,搭配原木桌椅,源自自然的色彩,使氛围更为惬意

- C10 M14 Y17 K2
- C38 M41 Y38 K0
- C52 M27 Y35 K0
- C40 M23 Y59 K0

淡淡的浅米色比直白的白色更显温馨,可以降低餐厅中的明度对比

以浅米色作为表现田园氛围的主色,比大面积的绿色更为舒适,更容易被人接受。用各种明度的绿色做点缀,进一步强化田园气息

点缀色使整体更为融合,并能够强化主体氛围,活跃气氛

- ● C70 M42 Y55 K0
- ● C35 M24 Y24 K0
- ● C60 M75 Y78 K30
- ● C7 M21 Y59 K0

以绿色为主色塑造具有悠闲感、轻松感的田园氛围餐厅，搭配灰色增添稳重感，加入黄色增添一点活力，同时让绿色的色彩印象更突出

淡雅的绿色用在墙面上，用餐厅中最大面积的界面来塑造田园的基调

灰色的使用，使色彩主体的具有生机感的田园氛围更突出

- ○ C0 M0 Y0 K0
- ● C89 M57 Y62 K15
- ● C62 M10 Y21 K0
- ● C44 M36 Y30 K0
- ● C55 M61 Y78 K9
- ● C55 M95 Y88 K42

绿色是田园配色最具代表性的色彩，搭配深棕色，具有浓郁的田园气息

蓝色和暗红色用在窗帘上，给人一种艳丽而亲切的感觉

用绿色搭配棕色，具有树木和泥土的感觉，强化了田园氛围的舒适感，使人感觉更为放松

第三章　不同氛围的餐厅配色

C19 M18 Y20 K0
C41 M42 Y42 K0
C71 M67 Y68 K26
C60 M33 Y62 K0

淡绿色清新感十足，作为点缀色，增加了自然感

绿色桌布的使用奠定了自然型家居的基调，木色系的运用，丰富了空间配色的层次感

C0 M0 Y0 K0
C30 M41 Y53 K0
C59 M93 Y100 K51
C72 M40 Y84 K1

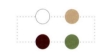

大地色系作为空间主色，使空间具有自然感与亲切感；绿色的搭配使用使空间配色不显沉闷

大地色系作为空间中的主色，不同明度的变化形成层次感进行调节，质朴而不厚重

绿色作为点缀色使整体更为融合，并能够强化主体氛围，活跃气氛

家居色彩设计指南

清爽愉快的餐厅配色

餐厅中的清爽感主要依赖于清淡的、明度接近白色的蓝色和绿色来营造，此类的色彩在餐厅中可以大面积使用。

1. 清爽愉快的餐厅配色技巧

深一些的蓝色和绿色也可用在餐厅中，但需要搭配柔和的、淡雅的色调，如米黄色等，才能够表现出舒适的清爽感。高明度的蓝、绿色与白色搭配具有地中海风情和清凉感；搭配柔和的黄色或米黄色，能够使人感到平和、舒适。

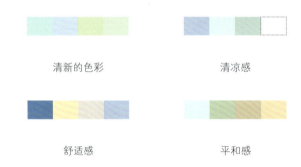

清新的色彩　　　　　　　　清凉感

舒适感　　　　　　　　　　平和感

清爽愉快的餐厅配色禁忌

表现清爽感，应该避免过多地使用厚重的暖色，例如做背景色或主角色，会让人觉得沉闷。具有强烈对比的色调也不宜大面积地使用，以免过于刺激，不够平和。在使用蓝、绿色时宜避免暗浊色做背景，不够清透。

过于厚重，没有清爽感　　　对比过于强烈，失去平和感　　背景色暗浊，不够清透

2. 清爽愉快的餐厅配色实例

○ C0 M0 Y0 K0　● C51 M67 Y75 K25
● C91 M73 Y0 K0　● C72 M5 Y90 K0

用温暖的棕色搭配高纯度的蓝色，可以降低蓝色的冷硬感

以高纯度的蓝色做点缀，用来表现清爽的整体氛围

内敛的棕色结合了黄色的优点，既让人感觉温暖又稳重。搭配蓝色和白色，充分表现出清爽的感觉

● C35 M0 Y14 K9　● C5 M43 Y67 K27
○ C0 M0 Y0 K0　● C0 M58 Y95 K86
● C27 M42 Y75 K37　● C68 M51 Y21 K53
● C0 M41 Y7 K0　● C25 M3 Y42 K9

淡雅的天蓝色做墙面背景色，以渲染清爽的基调

厚重的以及淡雅的色彩组合起来做点缀，丰富了空间的层次感，使整体色彩更为丰富

蓝、白色的组合方式塑造了一个清爽、洁净的餐厅空间，加入暖色和中性色进行点缀，使整体更为融洽

家居**色彩**设计**指南**

○ C0 M0 Y0 K0
● C23 M21 Y22 K0
● C26 M10 Y11 K0
● C0 M0 Y0 K100
● C75 M56 Y99 K22

以天蓝色和白色组合塑造的清爽感,具有透彻、愉悦的氛围,点缀色的存在丰富了层次感

> 顶面、地面均为浅色,进一步凸显中间部分的主题色彩

> 天蓝色给人清爽而透彻的感觉,就像晴朗的蓝天,使人心旷神怡

> 暗沉的暖色增加厚重感,使空间色彩比例更为协调

● C89 M64 Y0 K0
● C14 M17 Y12 K0
○ C0 M0 Y0 K0
● C42 M4 Y23 K0
● C72 M57 Y87 K22

用蓝色和粉色塑造一个清新的主色调,而后用绿色和白色做点缀,避免餐厅氛围过于活跃

> 高纯度的蓝色搭配浅粉色,塑造出清爽的餐厅氛围

> 不同明度的绿色点缀,丰富餐厅层次的同时降低甜腻的感觉

第三章　不同氛围的餐厅配色

- C20 M18 Y19 K0
- C36 M19 Y14 K0
- C48 M44 Y70 K3
- C76 M84 Y84 K67

暗沉的暖色增加厚重感，使空间色彩比例更为协调

蓝色和黄色搭配，带来清新感的同时又有活跃感

清新色彩印象的塑造离不开冷色系，但冷暖色的和谐融合也是十分必要的。用加入柔和黄色与蓝色搭配，既能凸显主题风格又不失温和感

- C0 M0 Y0 K0
- C67 M58 Y44 K0
- C45 M60 Y71 K0
- C22 M23 Y42 K0

蓝色与白色搭配是最为经典的清爽气息塑造手法，蕴含了平和、自然的感觉

顶面、墙面均为浅色，进一步凸显中间部分的主题色彩

带灰调的蓝色，清爽感不变，但不会显得过于冰冷

具有活力的餐厅配色

餐厅中具有活力的色彩印象与客厅中有所区别。餐厅面积通常比较小,不必满足全色相的条件,只要采用两至三种对决型或准对决型的组合就能够具有活力感。

1. 具有活力的餐厅配色技巧

活力的塑造依赖于鲜艳的纯色或接近纯色的色相,高纯度的橙色、黄色和红色具有热烈的感觉,是表现活力感不可缺少的色彩。加入冷色,显得快活、开朗,加入白色则更具节奏感。

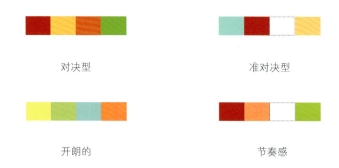

对决型

准对决型

开朗的

节奏感

具有活力的餐厅配色禁忌

营造活力感,配色中需要包含橙色或黄色,没有这两种色彩,就不会具有活力。过于厚重的色彩,缺乏活力感,不适合用来表现活力氛围。无色系的黑色和灰色,过于刻板,同样不适合表现活力感。

没有橙色或黄色,没有活力感

过于厚重、沉闷

黑色和灰色过于刻板

2. 具有活力的餐厅配色实例

- C0 M0 Y0 K0
- C0 M0 Y0 K0
- C0 M0 Y0 K0
- C0 M0 Y0 K0
- C0 M0 Y0 K0
- C0 M0 Y0 K0
- C0 M0 Y0 K0
- C0 M0 Y0 K0
- C0 M0 Y0 K0

将餐厅的重点部分放在家居配饰上，采用全色相的配色方式，塑造空间中的活力感，这样的方式不会显得过于凌乱

以低纯度的蓝色做背景色，搭配准对决型的红色以及粉色做对比，既有活力又不会过于刺激

- C0 M0 Y0 K0
- C29 M46 Y65 K0
- C62 M75 Y93 K40
- C14 M95 Y88 K0
- C78 M53 Y100 K20

自然界的花草色彩具有活力感和生机，用它们的色彩在餐厅中营造的活力具有舒适感和亲切感

以白色和浅褐色作为大面积的背景色，能够更好地衬托出色彩主体部分的冲击力

红色的座椅，与绿色植物形成活跃感，为了避免过于刺激，用深棕色稍作压制

- C52 M17 Y28 K0
- C43 M36 Y40 K0
- C0 M0 Y0 K0
- C34 M100 Y100 K0
- C30 M37 Y57 K0

活力感的营造主要依靠于蓝色和红色的对比，给人一种活跃的、欢快的形象，其他色彩起到调节和丰富作用

淡雅的蓝绿色结合了蓝色和绿色的优点，既有清新感，又让人觉得充满希望

红色为主色，与蓝绿色形成活跃感，为了避免过于刺激，用棕色稍作压制

- C0 M0 Y0 K0
- C80 M20 Y89 K0
- C18 M15 Y86 K0
- C30 M59 Y96 K0
- C11 M95 Y92 K0

棕色搭配白色具有整洁、温和的氛围，具有很强的色彩容纳力

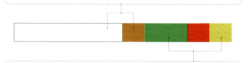

将餐厅的重点部分放在地面上，采用对决型的配色方式，塑造空间中的活力感，这样的方式不会显得过于凌乱

将配色的重点放在地面上，采用本身具有动感的地毯，配以活跃的色彩，具有很强的活力

第三章 不同氛围的餐厅配色

餐椅的四种色彩是餐厅中活力感的主要部分，来自自然的色彩充满生机

橙色搭配上粉红色比单一的橙色更加热情，且带有一点妩媚感

以鲜艳的橙色和粉红色做碰撞，激发出活力感，点缀以具有对比效果的蓝、紫色、黄色，使配色效果更为开放

- C0 M0 Y0 K0
- C30 M41 Y53 K0
- C59 M53 Y51 K0
- C39 M16 Y15 K0
- C20 M32 Y89 K0
- C44 M85 Y58 K2

以无色系的白色做主色，塑造了一个具有融合力的基础，用蓝色及黄色、红色之间的强烈对比营造出活跃感

明度较高的蓝色成为餐厅中的焦点配色，极其吸引人的注意力

红色和黄色虽然占据面积最小，但却是餐厅活跃感的重要来源之一

091

浪漫小资的餐厅配色

浪漫是一种充满幻想、充满美好感觉的氛围。接近白色的淡色调大面积的使用能够表现出浪漫的餐厅氛围，具有代表性的是粉色、紫红色、紫色，搭配白色增添梦幻感。

1. 浪漫小资的餐厅配色技巧

粉色和紫红色是极具浪漫感的色调，即使高纯度的色调也能够表达出浪漫的感觉。淡雅的冷色和中性色也可以用来表现具有浪漫感的氛围，但是需要搭配具有代表性的粉色或者紫红色。

代表性的　　　　　　　　高纯度的

冷色和中性色的浪漫感

浪漫小资的餐厅配色禁忌

浪漫的氛围依靠于淡雅的色调，过于浓郁、厚重的冷色和暖色不适合用来表现浪漫感。除此之外，工业化的黑色和冷灰色也不宜大面积使用。高纯度的冷、暖色具有活跃的、休闲的感觉，不可作为主色使用。

过于厚重，缺乏梦幻感　　　消极，没有纯洁、浪漫感　　　过于活跃，不够温柔

第三章　不同氛围的餐厅配色

2. 浪漫小资的餐厅配色实例

- ○ C0 M0 Y0 K0
- ● C59 M50 Y43 K0
- ● C68 M70 Y57 K13
- ● C56 M52 Y74 K3
- ● C64 M31 Y58 K0

低明度的紫色做餐厅主色，成熟而又浪漫的感觉

金色用在灯具上，强化了浪漫的氛围。绿色用在装饰画上，增添了优雅感

紫色餐椅表现出了浪漫的主调，点缀以金色、绿色等，具有优雅浪漫的氛围

- ● C26 M29 Y26 K0
- ● C39 M18 Y14 K0
- ● C67 M74 Y83 K42
- ● C29 M38 Y75 K0

淡雅的色调占据大面积，营造出具有浪漫感的餐厅空间。浅米灰的加入增添了重量感，使空间的色彩更具平衡感

以米灰色为主色，搭配蓝色为副色，给人感觉浪漫而纯粹　　深棕色用在家具上，以平衡空间感

093

家居色彩设计指南

- C0 M0 Y0 K0
- C48 M38 Y37 K0
- C59 M37 Y17 K0
- C15 M9 Y59 K0
- C21 M44 Y5 K0

以白色和灰色为餐厅的主色，营造纯洁、宽敞的整体氛围。点缀以淡雅的蓝色、黄色以及粉饰，凸显出浪漫、梦幻的氛围

天蓝色给人纯粹感，用来表现浪漫氛围，可以提升梦幻感

黄色和粉红色系的点缀起到强化浪漫氛围的作用

- C11 M1 Y25 K1
- C0 M0 Y0 K0
- C16 M22 Y26 K3
- C7 M61 Y96 K30
- C0 M30 Y67 K28
- C50 M5 Y43 K15
- C42 M5 Y70 K15
- C0 M60 Y11 K0

淡雅的绿色用在墙面上，具有梦幻的、充满希望的感觉，搭配同色系的餐椅和原木色餐桌强化此种氛围。餐椅局部使用粉红色，增添柔美和浪漫

淡雅的绿色用在餐厅中占据面积最大的墙面上，用来塑造梦幻的基调

餐椅的色彩搭配集合了餐厅中的所有色彩，并添加了粉红色，增添浪漫感

第四章

不同氛围的卧室配色

卧室的配色根据使用者的不同有不同的需求。单身人士的卧室、老人的卧室、孩子的卧室，分别有着不同的配色要求。在塑造或清新、或温暖、或时尚的卧室气氛时，对色彩的搭配技巧和禁忌一定要熟知。

平和身心的温馨卧室配色

接近黄色的米色系,例如米色、米黄色、米灰色等能够体现出温馨的色彩感觉。此类色彩给人放松、舒适的感觉,色调淡雅、不厚重,大面积使用不会压抑,能够营造出轻柔的色彩印象。

1. 平和身心的温馨卧室配色技巧

以米色或高明度、淡色调的黄色为主,色彩的对比度较低,整体的色彩搭配追求协调感,是此类色彩印象的基本要求。配色时,加入白色显得整洁;加入厚重的暖色用作地面背景色或者点缀色,能够凸显稳定感。

温馨的色彩

加入白色整洁　　　稳重感

平和身心的温馨卧室配色禁忌

柔和、温暖的暖色能够传达出温馨的氛围。因此,在进行具有温馨感的配色时,应避免大量使用冷色,可用作点缀。具有浓郁、厚重感的暖色不宜大面积使用,因其具有复古感,过于厚重,不适合温馨的氛围。黑色和深灰色也不宜大量使用。

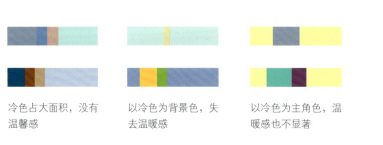

冷色占大面积,没有温馨感　　　以冷色为背景色,失去温暖感　　　以冷色为主角色,温暖感也不显著

第四章 不同氛围的卧室配色

2. 平和身心的温馨卧室配色实例

○ C4 M2 Y16 K4
● C59 M67 Y76 K18
● C44 M43 Y43 K0
● C53 M24 Y32 K0
● C39 M45 Y72 K0

柔和、低调的米黄色做主色，搭配白色、绿色组合做副色，淡雅的蓝色做点缀，体现出温暖、舒适感的同时，还具有清爽、洁净的效果

最为吸引视线的墙面部分采用米黄色为主色，营造出舒适、温馨的氛围

以淡雅的蓝绿色搭配少量的土黄色做点缀，具有清新感，避免暖色过多的沉闷感

○ C0 M0 Y0 K0
● C48 M44 Y45 K0
● C57 M65 Y75 K15
● C30 M38 Y33 K0

比墙面明度低一些的浅驼色做地面色彩，使空间重心下移，具有稳定感

粉色做点缀，使卧室在平淡的色彩搭配上有了跳跃的节奏感

以白色和深棕色为卧室的配色主体，传达出一种温馨、高雅的主题氛围，在温馨的感觉中增加了柔和、浪漫的内涵

○ C0 M0 Y0 K0 ● C38 M56 Y57 K0
● C0 M0 Y0 K100 ● C43 M93 Y100 K10
● C72 M53 Y24 K5

蓝色和红色做点缀色，带来浪漫优雅的感觉

浓郁的暖棕色给人高档感，与少量的其他色彩淡雅的暖色搭配能够营造出兼具温馨感和高档感的卧室氛围

运用暖棕色可以塑造出温馨而又高档的氛围，合理的面积再搭配白色，能够显得整洁、宽敞、不压抑

○ C10 M6 Y24 K0 ● C51 M80 Y88 K20 ● C71 M70 Y68 K28 ● C49 M60 Y62 K2 ● C42 M43 Y48 K0

顶面、地面均为浅色，进一步凸显中间部分的主题色彩

暗沉的暖色增加厚重感，使空间色彩比例更为协调

温馨是一种兼具温暖、安定和放松感的氛围，用米黄色做背景色给人温暖感，深一些的红棕色做点缀色活跃整体氛围

第四章　不同氛围的卧室配色

○ C0 M0 Y0 K0
● C34 M26 Y37 K0
● C64 M66 Y71 K20
● C47 M52 Y70 K0

淡绿色做背景色能够给人安定、自然的感觉，使人放松，易于睡眠。搭配深棕色的地面，给人安稳感，与顶面的明度差拉开了房间的视觉高度

淡绿色的背景色减轻棕色系整体的沉重感，但又不会破坏温馨的感觉

棕色系的搭配使整体配色更加协调，进一步强化了温馨感

● C15 M13 Y18 K0
● C45 M57 Y58 K2
● C42 M36 Y64 K0
● C53 M41 Y23 K0

以黄色系为主，搭配米色及咖色，形成类似型配色，塑造出稳定的温暖感，让人觉得安心、舒适。点缀色采用绿色、蓝色两种配色方式，增添开放感

在墙面上制造层次感，可以采用统一色系明度有差异的方式，能够强化主题氛围

绿色和蓝色做点缀色，更加凸显主色的温馨感

时尚干练的卧室配色

时尚、现代的卧室，主要依赖于无色系的色彩，无色系包括黑色、白色和灰色，最为经典的是黑、白、灰三种色彩的组合，不易过时，充满现代感；抑或以其中一种作为主色，另一种或两种做副色。

1. 时尚干练的卧室配色技巧

以黑色为主色时，如果没有特殊要求，尽量不要大面积在墙面使用，会让人感觉沉重，可以只用在床头墙的部分。无色系组合中加入冷色系，使人感觉文雅、幽静；加入明亮的暖色系，可以增加活力，加入暗沉的暖色，可以增添沉稳、复古的感觉。

经典的时尚组合　　　　黑色面积过大，感觉沉闷

时尚干练的卧室配色禁忌

时尚、现代的氛围主要依靠无色系来营造。大面积的冷色做主色，虽然冷峻，但不能够表现时尚感。暖色为主要色彩搭配，则过于温暖、醇厚。高明度的亮色也应该避免过多使用。

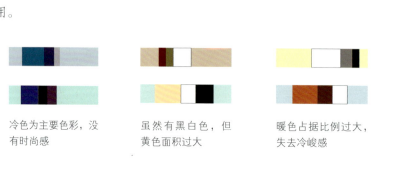

冷色为主要色彩，没　　　虽然有黑白色，但　　　暖色占据比例过大，
有时尚感　　　　　　　黄色面积过大　　　　失去冷峻感

2. 时尚干练的卧室配色实例

- C38 M30 Y26 K0
- C67 M64 Y68 K19
- C0 M0 Y0 K0
- C0 M0 Y0 K100
- C65 M56 Y52 K2

灰色具有强烈的人工痕迹，组合使用的灰色给人精致、有序、高效的感觉，用来展现时尚和现代最为恰当。在灰色组合中加入白色做点缀，具有高质量的感觉

> 灰色具有高档感，以灰色为主色的卧室具有高质量的时尚气氛

> 床品的灰色明度比墙面低，可以塑造出层次感，强化空间的立体感

- C0 M0 Y0 K0
- C40 M53 Y65 K0
- C32 M25 Y24 K0
- C97 M92 Y47 K15

> 白色占据室内最大的面积，使卧室显得更为整洁

> 深蓝色为卧室增添了些许理性感，与白色搭配显得极具内涵

以无色系的色调做主色，容易表现出时尚感和现代感，但过于刻板，加入温柔的棕色，既能与整体协调，又能增强舒适感

家居色彩设计指南

● C0 M0 Y0 K100
● C40 M51 Y70 K0
○ C0 M0 Y0 K0

墙面用明度最低的黑色，重心在中间部分，极具动感。为了避免空间感失调，加入白色和木色，整体呈现出高档、时尚的感觉

黑色是所有色彩中明度最低的一个，给人神秘、时尚的感觉，用其做背景色塑造卧室，可以渲染出浓郁的时尚气息

木色使黑色卧室不会显得过于沉闷，反而有种时尚的现代感

● C87 M65 Y53 K12
● C51 M47 Y53 K0
○ C19 M18 Y24 K0
○ C25 M26 Y23 K0
● C62 M55 Y51 K1

加入灰调的蓝色和粉色，失去明亮的感觉，更多了稳定的温暖感，不会给人刺激的感觉，更有高级的现代感

深蓝色的背景墙一下子将卧室氛围变得高级起来，与白色搭配也不会过于沉闷

淡雅的米黄色和粉色，塑造出一个舒适的大环境，符合卧室的氛围需求

第四章　不同氛围的卧室配色

- C73 M67 Y65 K25
- C27 M24 Y32 K0
- C45 M49 Y58 K0
- C0 M0 Y0 K0
- C0 M0 Y0 K100

以棕色为主色，搭配一些低调、暗沉的有色色彩，展现出现代、时尚而又具有人情味的卧室空间，给人具有质量感的生活氛围

同色系不同明度的棕色组合，演变出具有层级感和整体性的卧室氛围，给人质感

经典的黑色和白色搭配，为卧室带入现代感

- C68 M50 Y48 K0
- C82 M69 Y62 K27
- C0 M0 Y0 K0
- C46 M38 Y41 K4
- C69 M60 Y68 K14

大面积的灰蓝色与褐色系奠定了空间沉稳的都市氛围。为了避免深色带来的压抑感，用大面积的白色来进行中和

灰蓝色作为背景色，表达出冷静而有序的都市特征。床上靠枕与背景色同属蓝色系，但不同的明度对比，使空间配色更具层次感

褐色系的地面色彩使居室的都市感更加浓郁

愉悦的小清新卧室配色

卧室是用来休息的空间，整体配色以舒适感为主要出发点，清新的卧室与公共空间的区别是需要更加轻柔、更为舒适的，低对比、过渡平稳的配色方式。

1. 愉悦的小清新卧室配色技巧

接近白色的明亮色彩，才能够体现出清新的感觉，尤其是蓝、绿两种色彩，是体现清新感的最佳选择。

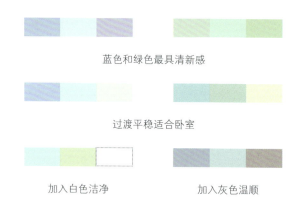

蓝色和绿色最具清新感

过渡平稳适合卧室

加入白色洁净　　　　　　加入灰色温顺

愉悦的小清新卧室配色禁忌

卧室中的清新感，需要兼具清新和舒适两种感觉，如果使用蓝色或者绿色，在大面积的时候，不宜采用过于暗沉的色调。在使用高纯度暖色时，可用来做点缀，不宜超过主体色的地位，否则会失去清新感。复古、浓郁的厚重暖色调，不宜大面积使用，会让人觉得沉闷。

背景色过于浓郁，失去舒适感　　　高纯度的暖色面积过大，热烈而没有清新感　　　背景色过于厚重、传统，没有清新感

2. 愉悦的小清新卧室配色实例

○ C0 M0 Y0 K0
● C23 M13 Y12 K0
● C47 M58 Y71 K3
● C62 M41 Y33 K0

以白色搭配蓝色为主要色彩，营造具有清新感的卧室氛围；以棕色表现沉稳感，用于地面部分

白色为主色，凸显整洁、宽敞的感觉，同时为其他色彩的融合提供了良好的条件

蓝色作为副色与白色搭配，营造出海边蓝色的海水和白云的感觉，十分清新

○ C0 M0 Y0 K0
● C43 M6 Y15 K0
● C21 M28 Y34 K0
● C42 M40 Y43 K0
● C17 M20 Y53 K0

淡雅的色调组合起来，营造出清新的氛围。以白色为主色，搭配温和、温馨的黄色，有一种清新柔和的感觉

以飘逸的图案出现在白色墙面的蓝色，给人灵活而又生动的清新感觉

淡雅的黄色才让人感觉清新、温和

家居 色彩设计 指南

- C46 M19 Y20 K0
- C36 M18 Y23 K0
- C55 M68 Y83 K18
- C62 M52 Y50 K5
- C14 M24 Y61 K0

大面积的冷色搭配少量清淡的暖色以及偏冷的暖色，塑造出了具有重量感、稳定感的清新空间

相同色系不同明度的蓝色墙面组合，营造清新的主题氛围

使用接近纯色调的色彩进行点缀，能够活跃气氛

- C58 M42 Y50 K0
- C70 M75 Y74 K40
- C31 M13 Y11 K0
- C0 M0 Y0 K0
- C27 M41 Y71 K0

以调入蓝色和灰色的蓝绿色作为卧室的主色，意在表现兼具清新、稳定感的色彩印象。用深棕色来与其搭配，衬托主色的同时使重心下放，更具安全感

经过调和的浅蓝绿色比绿色清爽，比蓝色要温暖一些，大面积运用能够表现清新感又不会过于冷硬

金色做点缀，增添层次，提升精致感，活跃整体氛围

第四章　不同氛围的卧室配色

- C0 M0 Y0 K0
- C35 M0 Y16 K11
- C13 M63 Y87 K69
- C0 M38 Y83 K20
- C68 M51 Y21 K53
- C0 M0 Y0 K100

浓、淡色调的蓝色搭配大面积的白色，营造出清新、舒适的整体色彩印象，搭配上暗色调暖色的地面，融入沉稳感

深棕色做地面背景色，增加沉稳感，使空间在视觉上更加开阔

组合的点缀色，用在靠垫、地毯和床品上，配合整体，增添活力

- C22 M18 Y27 K0
- C68 M53 Y63 K5
- C0 M0 Y0 K0
- C42 M46 Y66 K0
- C68 M62 Y72 K20

以绿色为主色，既有清新感，同时给人充满生机的感觉，不同明度的绿色制造出了丰富的层次感，以白色做副色，更显整洁

含有一些灰色的绿色比纯粹的绿色更为清爽一些，做墙面背景色塑造一个清新的基调

浅土色用在床上做主角色，增添温暖感

107

充满沉稳韵味的卧室配色

老人房的配色需要体现老人的性格特点,他们通常历经沧桑,喜欢回忆以前的经历,喜欢具有安稳感氛围的空间,不喜欢过于艳丽、跳跃的主色。

1. 充满沉稳韵味的卧室配色技巧

暗沉的、浓郁的或者淡浊色的暖色可以表现出温暖而又沉稳、具有经历和内涵的氛围。以暖色调为配色中心,搭配白色可以显得轻快一些,搭配少量冷色做点缀,可显得具有格调。在使用暗沉的暖色调时,可将重色放在墙面上,制造动感,避免过于沉闷。

适合表现老人特点的色彩

轻快的　　　　　　　有格调

充满沉稳韵味的卧室配色禁忌

老人房的色彩搭配需要能够体现老人的普遍性格特点,因此,冷色不宜做配色的中心,它们体现不出沧桑感;过于鲜艳的色彩不宜做主色,避免过于活跃、刺激;工业化的黑色、冷灰色不宜大面积使用。

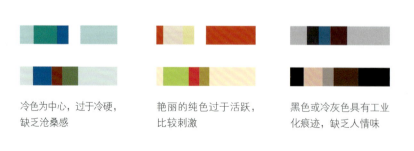

冷色为中心,过于冷硬,　　艳丽的纯色过于活跃,　　黑色或冷灰色具有工业
缺乏沧桑感　　　　　　　比较刺激　　　　　　　化痕迹,缺乏人情味

2. 充满沉稳韵味的卧室配色实例

- C34 M34 Y39 K0
- C60 M71 Y78 K26
- C77 M83 Y71 K51
- C74 M40 Y21 K0
- C25 M29 Y74 K0

整体采用棕色与蓝色两种类似型组合的色调，塑造出具有稳定感的朴素、悠然的空间氛围，使人的心情变得祥和、安定

米黄色和棕红色用在地面和家具上，两色明度的对比使家具显得更为稳重

主体的暖色给人厚重感，为了避免沉闷，床品和靠枕选择了蓝色与亮黄色的组合方式

○ C0 M0 Y0 K0
- C48 M86 Y97 K19
- C75 M74 Y78 K49
- C80 M49 Y78 K12

深棕色分布于家具上，丰富主体层次，为所在部分增添重量感

绿色的点缀增加了室内的活跃感，看起来又很文雅

浓、暗色调的暖色组合，营造出具有悠久感的、具有内涵的色彩氛围，搭配一点深绿色，融入了高雅、有格调的感觉

家居 色彩设计 指南

- C26 M29 Y35 K0
- C55 M72 Y81 K21
- C0 M0 Y0 K0
- C58 M54 Y57 K7
- C33 M22 Y64 K0

整体采用浅木色与白色搭配，塑造出具有稳定感的朴素、悠然的空间氛围，使人的心情变得祥和、安定

相同色系不同明度的棕墙面组合，营造沉稳的主体氛围

接近纯色调的色彩进行点缀，能够活跃气氛

- C35 M31 Y30 K0
- C39 M38 Y44 K0
- C51 M76 Y93 K18
- C12 M17 Y18 K0
- C56 M54 Y31 K0

空间中运用不同明度的褐色系来进行色彩搭配，奠定了沉稳型的色彩印象；运用紫色系的布艺软装来作为点缀色，令空间配色不显沉闷

棕色系的木质家具搭配黄浅米色的床品，古典气质油然而生

淡浊色调的紫色作为空间的点缀色，为沉稳型的居室带来了时尚感的配色印象

第四章　不同氛围的卧室配色

- C35 M29 Y31 K0
- C45 M48 Y62 K0
- C0 M0 Y0 K0
- C42 M39 Y69 K0
- C0 M0 Y0 K100

用暖灰色做背景色和主角色也可以表现出稳重低调的特点，除此之外，还会带有一些时尚感

为了避免过多灰色带来的单调感，在靠枕、装饰上采用了白色作为调剂

加入了黄灰色的绿色更加稳定，与灰色搭配具有现代式的古典韵味

- C0 M0 Y0 K0
- C53 M50 Y50 K0
- C41 M89 Y63 K2

以淡雅的暖色为视线的中心，搭配具有厚重感和安稳感的浓郁暖色做重量部分的处理，少量点缀鲜艳古典色彩，显得具有品质感

具有明度落差的两种色彩用在顶面和地面上，可以拉伸空间的高度

红色作为空间中的点缀色，塑造兼具传统韵味的沉稳型卧室

柔和浪漫的卧室配色

柔和浪漫的卧室空间，配色以温柔的或妩媚的色彩为主。通常以淡雅的暖色和紫红色展现温柔、娇美的印象；以接近纯色的暖色调展现活泼、艳丽的性格。

1. 柔和浪漫的卧室配色技巧

最具柔和浪漫氛围的色彩是紫色、粉色、紫红色和红色，除此之外还可以用橙色、橘红色、橘黄色等色彩。配色时加入白色可以提升节奏感，显得更加明快、靓丽；加入冷色作为配色可以进一步活跃氛围，制造休闲感；加入一些淡雅的暖灰色能够增加优雅感。

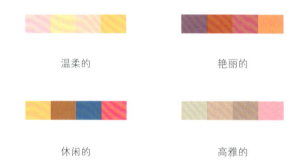

温柔的　　　　　　　　艳丽的

休闲的　　　　　　　　高雅的

柔和浪漫的卧室配色禁忌

浪漫的卧室应该避免使用冷色系为主色，特别是厚重的冷色，过于刚毅，缺乏柔美和妩媚感；在使用冷色做点缀时，不宜颜色过多，面积过大。不宜采用过于厚重、浓郁的色彩，过于复古的色调没有娇美感。

冷色面积大，具有男性特征　　　点缀的冷色过多，影响整体氛围　　　厚重的色彩面积过大，失去女性特点

2. 柔和浪漫的卧室配色实例

C9 M7 Y7 K0
C14 M18 Y20 K0
C60 M47 Y36 K6
C53 M61 Y76 K8
C7 M47 Y33 K0

轻柔的米色为客厅增添了舒适、放松的惬意基调

淡浊蓝色为点缀色，传达出浪漫氛围所需要的梦幻感

淡雅的灰蓝色加入米色的空间中，塑造出浪漫的梦幻氛围。少量的橙色增添了色彩的数量但不会破坏整体氛围

C0 M0 Y0 K0
C27 M35 Y39 K0
C58 M55 Y51 K0
C71 M72 Y75 K38
C60 M35 Y33 K0

白色为主的卧室，以浅灰色做配色，不会有冷硬的感觉，反而更加柔和淡雅，再以淡蓝色做点缀，更显得柔和

柔和的淡米色用在地面，使布艺软装的蓝色的特点更加凸显出来

明亮淡雅的蓝色，具有透明的纯真感，与白色搭配具有童话氛围

- C45 M38 Y42 K0
- C0 M0 Y0 K0
- C75 M79 Y83 K60
- C37 M32 Y27 K0
- C71 M73 Y64 K25
- C41 M45 Y69 K0

以具有女性特点的紫色做主色，呈现妩媚、娇美的一面。搭配白色和灰色，融入了整洁感和高雅感

深棕色做主角色使地面有了重量感，感觉更加安稳

紫色具有特别的效果，不论是淡雅的还是浓郁的，都能够塑造出具有柔和浪漫特点的卧室氛围

- C29 M35 Y20 K0
- C53 M19 Y14 K0
- C0 M0 Y0 K0
- C15 M27 Y22 K0
- C56 M100 Y87 K47

用一系列的粉红色来表现卧室中的浪漫特点，为了避免单调，采用了不同明度的粉色做层次感的塑造

粉色是此卧室中的点睛之笔，强化了具有柔和浪漫的女性特点的氛围，使主题风格更为明确

最为暗沉的酒红色运用在靠枕和床单上，丰富配色的层次，也使卧室有视觉重点

第四章　不同氛围的卧室配色

○ C0 M0 Y0 K0
● C62 M93 Y69 K40
○ C22 M22 Y23 K0
● C67 M56 Y40 K0
● C28 M35 Y8 K0

不同明度的紫色搭配，展现出具有层次感的温柔与浪漫

米黄色的家具和窗帘具有土地的色彩特点，给人亲切感

紫红色为主色，营造温柔、娇美的女性氛围，墙面以蓝紫色和白色相间，增添了高雅感

● C33 M44 Y62 K0　● C89 M51 Y93 K18　● C60 M79 Y100 K43　● C29 M38 Y84 K0　● C30 M46 Y8 K0

淡雅舒适的米黄色搭配淡紫红色，展现出女性兼具温柔与热烈的两面性

绿色与褐色组合作为配角色，为梦幻的空间增添了一些自然感，给人以希望

紫色是最具浪漫感的色彩，与黄色和棕色搭配，更添空间的精美气息

家居色彩设计指南

可爱活泼的卧室配色

在进行可爱活泼卧室房的配色时，需要体现出天真、浪漫、纯洁、具有活力的感觉。

1. 可爱活泼的卧室配色技巧

明色调以及接近纯色调的色彩能够表现出纯洁、天真的感觉；色相的选择上，通常以黄色、粉色、红色、绿色和紫色等为主色来表现浪漫感，其中，粉色和红色是最具代表性的色彩，这些色彩搭配白色或少量冷色能够塑造出梦幻感。

具有可爱活泼感的色彩　　　　　　　搭配白色或冷色有梦幻感

可爱活泼的卧室配色禁忌

充满朝气、甜美、天真和希望的卧室，适合那些淡雅、浪漫的色彩。因此，尽量避免大面积地使用调入灰色调的浊色以及深暗、厚重的色彩；大面积的冷色也要避免使用。

避免大面积使用冷色组合　　　暗沉的色彩感觉不到朝气　　　大面积的浊色加入粉色等，仍然感觉沉闷

2. 可爱活泼的卧室配色实例

- C17 M27 Y81 K0
- C0 M0 Y0 K0
- C47 M58 Y71 K3
- C28 M47 Y31 K0
- C18 M95 Y68 K0

高纯度的黄色做背景色，塑造了动感又活泼的卧室氛围。主角色采用温柔的粉色系，配角色即使采用高纯度的红色也不显得刺激

高纯度的黄色和白色搭配，不会过于刺激，反而多了活跃的感觉

粉色作主色，奠定了温和的氛围，高纯度的红色点缀，增加对比感，使空间更加活泼

- C26 M35 Y24 K0
- C0 M0 Y0 K0
- C51 M77 Y93 K21
- C32 M34 Y44 K0
- C17 M57 Y62 K0

明色调的粉色制造出了一种柔和、朦胧的甜蜜氛围，可以营造出甜美可爱的卧室氛围

白色象征纯洁、天真的一面，与白色搭配具有节奏感，但不跳跃

以粉色为背景色，营造具有女孩特点的天真、梦幻的基调，搭配白色做主角色，显得朦胧、甜美。点缀以米黄色、橙色，具有童话般的感觉

家居 色彩设计 指南

- C0 M0 Y0 K0
- C12 M18 Y11 K0
- C82 M55 Y0 K0
- C0 M0 Y0 K100
- C58 M58 Y62 K4
- C24 M47 Y33 K0

背景色往往能够起到决定空间基调的作用，白色和粉色的组合奠定一种柔和、温暖的基调

多种色彩混搭的墙面充满了活泼可爱的感觉

在点缀色中加入与墙面淡粉色同一色系的桃粉色，在统一的氛围中增加层次

- C42 M32 Y46 K0
- C64 M39 Y75 K0
- C68 M51 Y64 K4
- C39 M67 Y100 K2
- C31 M36 Y76 K0

绿色和橙色的组合，塑造出了明快的氛围，黄色系的加入增添了活跃感。虽然只有两种有色色相，但不同明度的组合塑造了丰富的层次感

绿色属于中性色，属于冷色中的暖色，暖色中的冷色，绿色系的大面积使用营造出充满希望、田园般悠闲的氛围

高纯度的橙色的点缀活跃了空间的氛围

第四章　不同氛围的卧室配色

- C4 M40 Y15 K2
- C0 M0 Y0 K0
- C7 M61 Y96 K30
- C50 M0 Y24 K4
- C0 M0 Y0 K100
- C42 M5 Y100 K4
- C4 M16 Y100 K2

卧室空间基本涵盖了所有具有童话氛围的色彩，高明度的色彩组合方式塑造出了既有活力又充满梦幻感的卧室

粉色与白色搭配占据卧室中最大的面积，使空间中充满了甜美、童真的基调

高纯度的黄色与绿色的点缀活跃了空间的氛围

- C41 M38 Y47 K0
- C67 M54 Y50 K2
- C45 M26 Y34 K0
- C31 M31 Y24 K0
- C56 M13 Y26 K0

淡雅的粉色和蓝色作主角色，塑造了动感又温柔的卧室氛围。背景色采用稳重的灰色系，即使采用准对决型的主色也不显得刺激

淡雅的米色给人轻松、惬意的感觉，具有很强的色彩容纳力

准对决型配色的蓝色和粉色做副色，形成了淡雅却欢快的节奏感

清爽童趣的卧室配色

与柔和浪漫的卧室截然不同的是,清爽感的卧室装饰避免采用过于温柔的色调,以蓝色、灰色或者中性的绿色为配色中心。

1. 清爽童趣的卧室配色技巧

与干练的现代卧室不同的是,清爽童趣的卧室配色带有天真的一面,因此,以主色搭配白色或者淡雅的暖色系,也可以多运用灰色搭配其他色彩,更适合表现特点。

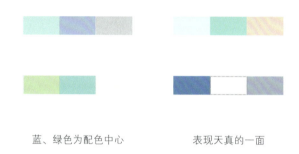

蓝、绿色为配色中心　　　　　表现天真的一面

清爽童趣的卧室配色禁忌

童趣卧室的色彩搭配可以根据孩子的年龄来进行设计。需要注意的是,大孩子的房间经常会用到灰色、黑色等暗调的颜色,与成年人不同的是,孩子房中这类色调不宜过于浓重,以免过于严肃、沉闷不适合其年龄特点。除此之外,过于浓郁、厚重的暖色也不宜做墙面、顶面的背景色或主角色。

大面积的黑灰色过于　　　　大面积暗暖色太多
沉重,没有活泼感　　　　　显得沉闷

2. 清爽童趣的卧室配色实例

- C19 M18 Y20 K0
- C51 M70 Y87 K14
- C41 M20 Y18 K0
- C87 M66 Y28 K0
- C17 M91 Y72 K0
- C17 M24 Y44 K0

在米色为主的空间中，加入蓝色和红色，能够塑造出童话般天真、醇美、让人向往的氛围

背景色的作用是营造一个空间的基本氛围，米色的使用使人感觉舒适

红与蓝的结合是点睛之笔，若缺乏了此组合，空间则显得沉闷。准对决型的组合，增添了开放感和休闲氛围

- C59 M25 Y27 K0
- C86 M58 Y14 K0
- C18 M31 Y56 K0
- C0 M0 Y0 K0
- C0 M0 Y0 K100

以浅蓝色为主色，营造出清爽、平和的整体环境，搭配以深蓝色做副色，增添清爽感，最后点缀以浅木色，增加重量感

两种明度的蓝色，是表现男孩性格特点的点睛之笔，作为主色，营造出清爽而不失纯真的氛围

浅木色的地面使空间重心在最下方，显得整体稳重、具有安全感

○ C0 M0 Y0 K0
● C69 M47 Y25 K0
● C30 M30 Y33 K0
● C16 M31 Y90 K0
● C44 M100 Y93 K12

以白色为主色，营造出舒适又不失整洁感的整体基调。以具有代表性的蓝色作为主角色，最能传达出清凉与爽快的清新感

白色与蓝色的组合，最能表现出清爽感

充满活力的色彩组合做点缀色，表现出充满动感和活力的特点，点式的布置不会显得过于活跃

● C56 M15 Y24 K0
○ C0 M0 Y0 K0
● C50 M59 Y64 K3
● C69 M65 Y44 K2
● C95 M71 Y39 K2

将空间中明度最低的深绿色放在墙面上，给人动感，因其占据的面积不大，并不觉得沉闷，反而具有刚毅的感觉

棕色搭配白色，兼具了整洁感和温馨感，使空间更为舒适、干练

蓝色是最为重要的存在，是塑造具有清爽特点卧室的点睛之笔

第四章 不同氛围的卧室配色

- C31 M0 Y0 K0
- C47 M65 Y96 K7
- C23 M25 Y35 K0

蓝色做背景色可以使人迅速沉静下来，给人平和的感觉

地面和家具采用轻柔一些的暖色，可以提升室内的视觉舒适度

淡雅的蓝色为主色，搭配上木色，可以营造舒适又清爽的空间氛围

- ○ C2 M2 Y7 K0
- ● C73 M55 Y46 K2
- ● C40 M40 Y41 K0
- ● C28 M100 Y81 K0
- ● C92 M86 Y56 K31

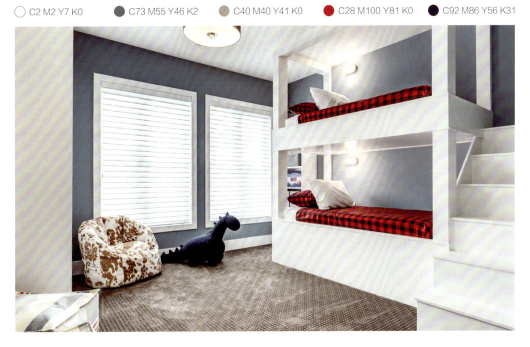

褐色的地面从视觉上让人感觉具有下沉感，拉开了空间的距离，提升了房高

大面积的蓝灰色和白色容易让人觉得沉闷，用纯色的色彩进行点缀，活跃了空间的层次

以白色做主色，搭配深蓝色，表现出刚毅、冷静的一面，而红色的加入增添了休闲感

硬朗刚毅的卧室配色

硬朗刚毅的代表色彩包含了冷色中的蓝色、黑色、灰色、厚重的暖色等,用这些色彩做主色进行配色,能够塑造出硬朗的卧室空间。

1. 硬朗刚毅的卧室配色技巧

硬朗刚毅的房间,需要表现出刚毅的、具有理性感的氛围。因此,所使用的色彩要求明度或纯度都比较低,表现干练感时可加入白色,表现高级感时可以灰色为背景色或主角色。

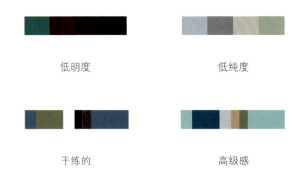

低明度　　　　　　　　　低纯度

干练的　　　　　　　　　高级感

硬朗刚毅的卧室配色禁忌

具有温柔感的淡雅色调不宜作为主角色或主要的背景色使用;具有柔和感的紫红色、粉红色等也不宜在卧室中使用;纯度较高的色彩,搭配起来过于活跃,同样不适合此类卧室。

温柔、淡雅的配色缺乏硬朗感　　　过于活泼、艳丽,缺乏理性　　　紫色和紫红色过于华丽,缺乏干练感

2. 硬朗刚毅的卧室配色实例

- C70 M56 Y51 K0
- C82 M80 Y17 K0
- C0 M0 Y0 K100
- C0 M0 Y0 K0
- C50 M29 Y13 K0

浓郁、暗沉的色彩可以表现出力量感，为了避免沉闷，将明度最低的色彩用在墙面上，制造动感

蓝色做点缀，以对比的方式强化了背景色的力度感，同时增添了冷峻的气质

以蓝灰色、白色组合为大面积的色彩搭配，塑造出硬朗、干练氛围。加入不同明度的蓝色，传达出冷静的色彩印象

- C59 M58 Y69 K8
- C0 M25 Y47 K27
- C0 M0 Y0 K0
- C88 M71 Y44 K5
- C55 M76 Y83 K24

以棕色系为配色中心，使用了茶棕、浅棕、土棕等，效果十分协调，再以蓝色搭配，平衡冷暖感

茶棕色墙面接近土地的颜色，给人安稳、亲切的感觉

用蓝色、棕红色做点缀色，进一步凸显出冷峻感，丰富整体层次感

C72 M38 Y26 K0
C0 M0 Y0 K0
C56 M45 Y32 K0
C40 M49 Y57 K0
C32 M63 Y67 K1
C36 M84 Y90 K7

以蓝色为主角色,搭配少量暖灰色,塑造出具有力量感的空间氛围

蓝灰色兼具了蓝色和灰色的特性,冷峻而理智,具有高档感

用浅木色、土橘色和暗红色做点缀色,进一步凸显出蓝灰色的冷峻感,丰富整体层次感

C49 M25 Y31 K0
C49 M72 Y100 K12
C68 M56 Y47 K0
C43 M38 Y38 K0
C13 M12 Y13 K0
C0 M0 Y0 K100

以灰色系为配色中心,使用了蓝灰、茶灰、米灰等,虽然包含了冷灰和暖灰,因为纯度比较低,所以效果十分协调

蓝灰色做背景色,增添了冷峻刚毅的气质

浅灰色窗帘强化了深灰色的床所表现出的感觉,显得更为刚毅

第五章

不同氛围的卫浴间配色

　　卫浴间是一个家庭中能够体现品位的地方。不管面积的大小，适合的色彩搭配方式都能够塑造出具有个人特色的卫浴空间。不同的主色，搭配不同的色彩具有不同的氛围。了解各种色相的色彩印象，才能够塑造想要的氛围。

都市感的卫浴间配色

都市中的色彩具有人工化痕迹，例如林立的楼房多为灰色系，广场上的黑色石材地面等。表现具有都市感的卫浴间，主要依赖于黑色、灰色做配色中心，搭配白色可以显得整洁、宽敞一些，搭配少量的彩色则更具生活气息。

1. 都市感的卫浴间配色技巧

与其他空间的都市感不同的是，卫浴间的面积通常不会太大，在体现都市感的时候搭配一些具有金属质感的银灰色或者金色，可以体现具有华丽感、科技感的都市氛围。

刻板的都市色彩　　　　　　　少量彩色点缀

都市感的卫浴间配色禁忌

都市感依靠黑、白、灰色的组合来营造，具有强烈的人工化痕迹。冷色系虽然具备冷感，但缺乏时尚感；暖色或温暖或厚重，缺乏人工痕迹，均不适合做配色中心，用来表现时尚感。

冷色为主色，不够　　暖色为主色，缺乏　　厚重的暖色，过于
刻板　　　　　　　都市感　　　　　　温暖

2. 都市感的卫浴间配色实例

○ C0 M0 Y0 K0
● C0 M0 Y0 K100
● C32 M99 Y100 K0

> 黑色神秘，具有人工化痕迹，用在墙面能够充分展示出刻板、冷峻的都市氛围

> 红色用在花卉装饰上做点缀使用，使无色系的空间不会过于冰冷和单调

卫浴间面积不大，以白色和黑色结合大面积使用，用少量的红色做点缀，塑造出具有低调活力感的都市气息

○ C0 M0 Y0 K0
● C0 M0 Y0 K100
● C37 M30 Y37 K0
● C79 M73 Y65 K33

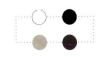

黑色用在墙面上，使空间的重心在中间，具有动感。白色一部分叠加在黑色上面，减轻了黑色的沉闷感。经典的配色方式，使都市氛围更浓郁

> 黑白色用在顶面、墙面和洁具上，与黑色相间，具有明快的节奏感，也使空间显得更为整洁

> 地面采用厚重的暖色，能够分化黑色的一些重量感，使空间感均衡

○ C0 M0 Y0 K0
● C0 M0 Y0 K100
● C20 M40 Y90 K10

白色为背景色的卫浴间看上去干净而明亮,黑色家具和金色装饰的组合充分地演绎出了都市气息时尚、冷静的氛围

黑色与白色的经典搭配在白色占主导的情况下,反而有干净清爽的简约现代感

金色用在浴室柜上,与黑色组合使用,塑造具有气质感的都市氛围

● C0 M0 Y0 K100 ● C16 M22 Y26 K10
● C7 M15 Y25 K0 ○ C0 M0 Y0 K0
● C81 M63 Y100 K42

将两种色彩组合起来用在墙面上,塑造出具有华丽感的都市气息

主角色采用了暖色的洁具,活跃了空间的氛围

黑色和古铜色的组合占据空间最大的面积,塑造都市感的基调,搭配一些暖色,增添厚重感和生活气息

第五章　不同氛围的卫浴间配色

○ C0 M0 Y0 K0
○ C24 M18 Y15 K0
● C49 M9 Y91 K0

白色用在顶面、墙面和洁具上，增添整洁、明亮的感觉

浅灰色与白色接近，塑造都市感的同时，能够使卫浴间看起来宽敞一些

卫浴间面积不大，以白色和浅灰色结合使用，用少量的银色和绿色做点缀，塑造出具有低调朴素感的都市气息

○ C0 M0 Y0 K0
○ C24 M17 Y20 K0
● C0 M0 Y0 K100
● C20 M40 Y90 K10
● C77 M31 Y40 K10

无色系奠定高档感，搭配具有一定时尚感的金色和高雅感的中性色，表达高质量的都市氛围

黑色用在墙面上，与灰白色结合，强化了都市感，因为点缀使用，面积分散，所以没有沉闷感

金色和深绿色做点缀，强化主题氛围，使整体色调更好地融合

盎然生机的卫浴间配色

绿色是取自于自然界的色彩，具有盎然的生机感，给人充满希望的感觉。将绿色用在卫浴间中，可以塑造出或田园或清新的氛围。

1. 盎然生机的卫浴间配色技巧

用树木或者大地的色彩搭配绿色，具有田园氛围；用白色或其他淡雅的色彩与绿色搭配，具有明快的、清新的氛围；绿色降低纯度加入一些灰色，搭配米色等，具有舒适、雅致的感觉。

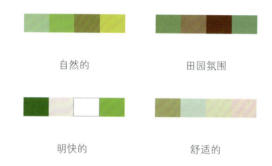

自然的　　　　　　田园氛围

明快的　　　　　　舒适的

盎然生机的卫浴间配色禁忌

塑造具有生机感的卫浴间，主要依靠绿色。配色时需要注意避免采用大面积的冷色来搭配绿色，这样做凉爽但缺乏自然氛围；过于鲜艳、热烈的暖色调，也要避免大面积使用，绿色与其搭配过于活跃，不够平和。

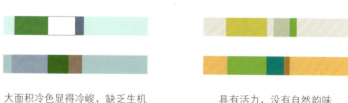

大面积冷色显得冷峻，缺乏生机　　　　　具有活力，没有自然韵味

2. 盎然生机的卫浴间配色实例

○ C0 M0 Y0 K0　　● C73 M49 Y74 K7

> 白色用在顶面和墙面上，与绿色相邻，具有强烈的明快感，同时为室内增添了整洁感

> 绿色是卫浴间内明度最低、纯度最高的色彩，用在视觉中心的墙面上，具有强烈的自然气息

单纯的白色与绿色组合，没有其他颜色的搭配，直接明了地将自然感表现出来

● C41 M0 Y54 K31
● C24 M12 Y85 K40
○ C0 M0 Y14 K8
● C14 M54 Y70 K18
● C50 M81 Y91 K15
● C25 M0 Y78 K77
● C81 M0 Y45 K61

多种绿色组合搭配原木色，塑造具有田园氛围的卫浴间。多种明度和纯度的绿色，能够在同一色彩印象下塑造丰富的层次感

> 偏灰的绿色搭配偏蓝的绿色用在墙面上，两色的穿插使用具有丰富的层次感

> 空间中所有的色彩加入比墙面配色明度低一些的蓝绿色用在地面上做点缀，活跃了氛围

第五章　不同氛围的卫浴间配色

家居色彩设计指南

○ C0 M0 Y0 K0
● C59 M30 Y100 K0
● C81 M58 Y99 K31
● C48 M33 Y99 K0
● C0 M0 Y0 K100

用绿色为主色塑造的自然型卫浴间，因绿色的纯度及明度变化，整体统一中富有层次变化。不同部位的绿色存在的纯度差，避免了单调和乏味

墙面的色彩采用了同一色系不同明度的搭配方式，用重复的方式强化自然氛围

黑色的加入使整体看上去更加稳重、踏实

○ C0 M0 Y0 K0   ● C55 M80 Y84 K31
● C23 M41 Y62 K0   ● C53 M31 Y76 K0
● C62 M50 Y71 K9

棕色是树木的颜色，用自然界的颜色与绿色搭配更协调，增添了一丝田园氛围

通过植物的绿色点缀卫浴间，可以获得最新鲜的自然感

绿色和棕色是田园氛围的典型代表色彩，将两者搭配使用在卫浴间，塑造出浓郁的自然气息。白色做背景色，增添了明快感

第五章　不同氛围的卫浴间配色

- C85 M56 Y88 K26
- C0 M23 Y34 K0
- C0 M0 Y0 K0
- C0 M0 Y0 K100

大面积的绿色奠定了自然型家居的基调。木色的运用，丰富了空间配色的层次感

大量的木色作为背景色出现，使空间的自然气息更加浓郁

黑白色系既是主角色，又是配角色，使空间看起来充满格调

- C0 M0 Y0 K0
- C49 M0 Y95 K0
- C35 M76 Y100 K0

最具代表性的自然色彩的绿色，带来希望、欣欣向荣的氛围；加入白色调节，清爽自然

将绿色作为点缀穿插在卫浴中，塑造了具有清新感的、充满生机的韵味

棕色是树木的颜色，用自然界的颜色与绿色搭配更协调，增添了一丝田园氛围

135

家居色彩设计指南

清凉爽快的卫浴间配色

明度越高的蓝色越能够体现出清凉的感觉,用蓝色与白色搭配,是最具代表性的具有清凉感的配色方式。

1. 清凉爽快的卫浴间配色技巧

所使用的蓝色越暗沉,空间越冷峻,越沉稳。在蓝白色的搭配中加入绿色能够增添清新感,加入少量的暖色,能够起到活跃氛围的作用。

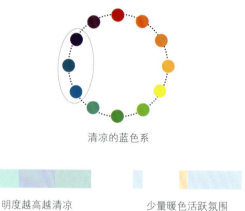

清凉的蓝色系

明度越高越清凉　　　　少量暖色活跃氛围

清凉爽快的卫浴间配色禁忌

清凉感的营造主要依靠明度接近白色的蓝色来营造,高纯度的蓝色需要与其他色彩搭配使用,如果大面积地作为主色使用,则过于冷硬,不会产生清凉感。背景色尽量避免使用暖色,特别是厚重的暖色,如果暖色面积过大,会显得温馨或沉闷,蓝色变成点缀,凸显不出清凉感。

高纯度蓝色冷硬而不透彻　　黄色背景搭配浅蓝色,显得梦幻　　过于厚重,不够透彻,没有清凉感

2. 清凉爽快的卫浴间配色实例

○ C0 M0 Y0 K0
○ C20 M7 Y10 K0
● C29 M38 Y59 K0

蓝色与白色搭配是最为经典的清爽气息塑造手法，加入了偏暖调的木色起到平衡冷暖的作用，同时蕴含了平和、自然的感觉

浅淡的蓝色塑造出清凉而又具有丰富层次的卫浴氛围

选择浅棕色作为点缀，避免冷硬感，并避免破坏整体氛围

○ C0 M0 Y0 K0
○ C30 M12 Y0 K8
● C57 M13 Y90 K62
○ C0 M15 Y3 K0

淡雅的天蓝色放在顶面和墙面的上部分，白色的墙面下部分和地面，这样做使空间的上部分比下部分重，具有动感，避免单调

天蓝色来自天空的色彩，具有干净的、透彻的感觉，与白色搭配更能够强化这样的氛围

用花卉做点缀色，给卫浴间增添了生活的气息，避免过于冷清

- C16 M22 Y26 K3
- C77 M50 Y10 K68
- C0 M0 Y0 K0
- C85 M0 Y38 K26
- C0 M89 Y86 K46

高纯度的蓝色有些过于浓郁，因此墙面三分之二的部分加入了米灰色与蓝色搭配，减轻冷峻感，使色彩印象表现出清凉的氛围

用米灰色与深蓝色结合，彼此影响，彼此中和，减轻蓝色的浓郁感，使氛围舒适、和谐

用明度高一些的蓝色花瓶搭配红色、蓝色花朵做点缀，活跃了卫浴间的整体氛围

- C35 M14 Y0 K9
- C0 M0 Y0 K0
- C18 M20 Y35 K0
- C42 M31 Y0 K80
- C0 M58 Y95 K86
- C73 M52 Y18 K0
- C0 M75 Y100 K8
- C0 M25 Y86 K0

以浅蓝色与白色组合做背景色及主角色，加入厚重的及鲜艳的色彩做点缀，形成了具有层次感的清凉卫浴氛围

厚重的深棕色用在家具上，不显突兀，能够增加地面的沉稳感

鲜艳的点缀色，以装饰画为载体，可以降低冲突感

第五章　不同氛围的卫浴间配色

○ C0 M0 Y0 K0　　● C38 M27 Y23 K0
● C27 M11 Y11 K0　● C60 M23 Y26 K0

花灰的墙面减轻蓝色和白色带来的冷郁感，增加厚实的感觉

两种明度的蓝色搭配起来，穿插使用，以统一色彩印象中的细微区别，制造出了明快感

以白色为主色，搭配不同明度的蓝色，具有清凉的整体氛围，在同一色相中制造出了丰富的层次感

○ C0 M0 Y0 K0
● C25 M10 Y0 K7
● C0 M34 Y75 K18
● C100 M40 Y0 K26
● C75 M62 Y0 K62

淡雅的天蓝色与白色搭配具有干净、清透的感觉。为了避免层次过于单调，加入了深一些的两种蓝色做点缀，使层次更丰富

淡雅的浅蓝色与白色组合，犹如蓝天与白云，给人清凉、透彻的氛围

少量点缀两种不同蓝色的组合色，使清凉感更为强烈，并丰富了整体的层次

拥有洁净感的卫浴间配色

白色给人整洁、纯净的色彩印象，非常适合用在小面积卫生间中做大面积使用，能够彰显宽敞、整洁的感觉。

1. 拥有洁净感的卫浴间配色技巧

宽敞的卫浴间要塑造出洁净感，地面的色彩可以选择其他的颜色，避免产生过于空旷的感觉，但墙面和顶面不宜搭配过多的其他色彩，会破坏整洁感。若觉得白色过于直接，可以采用白色少量地加入其他色彩调成的颜色，例如乳白色，接近白色的浅灰色、浅米色等，同样具有洁净的效果。

洁净感　　　　　　　　　　　类似色

拥有洁净感的卫浴间配色禁忌

洁净感的塑造主要依赖于大面积的白色，且点缀色不宜过多，不宜过于凌乱，否则会破坏主体氛围。高明度的冷色虽然冷清、清爽，但是缺乏洁净感，不宜用在此种色彩印象的卫浴间内；同样地，过于厚重的以及过于鲜艳的色彩，都不宜大面积地使用。

点缀色过多，显得凌乱　　　　清爽，但没有洁净感　　　　过于厚重，没有洁净感

2. 拥有洁净感的卫浴间配色实例

○ C0 M0 Y0 K0   ● C0 M0 Y0 K35

卫浴间进深比较窄，顶面、墙面、地面全部采用白色，扩大空间感，使视觉上的比例更为舒适，彰显宽敞、整洁的感觉

为了避免单调感，以淡淡的灰色点缀卫浴间，为白色为主的空间增添了层次感

白色特别适合用在空间比例存在缺陷的卫浴间内，比如开间或进深窄小、房高低矮等，全部使用白色能够弱化这些缺点

○ C0 M0 Y0 K0
● C27 M27 Y32 K0
● C44 M56 Y68 K0

以白色为主色塑造洁净感，搭配浅茶色的地面，具有稳定感，使人感到安全

用白色做主色，用在墙面以及洁具上，使卫浴间显得宽敞、明亮、整洁，为了避免单调，采用了不同质感的白色组合使用

卫浴间的面积并不拥挤，将茶色用在地面和顶面，以此增添重量感，以平衡空间大面积白色的轻飘感，丰富整体层次

○ C5 M7 Y8 K1
○ C0 M0 Y0 K0
○ C0 M0 Y0 K10
● C25 M38 Y51 K60

用明度接近白色的浅色调色彩与白色组合，塑造出具有微小层次感的洁净卫浴间，这样的方式适合形状规则、宽窄比例合适的空间

接近白色的米色带有微弱的温馨感，不会过于直白

少量的深茶色用在窗帘上，使空间重心在墙上，制造出了动感

○ C0 M0 Y0 K0　　● C80 M71 Y66 K32
○ C30 M36 Y46 K0

深灰色明度很低，与白色形成鲜明的对比，可以更加彰显白色的洁净感，并为空间增加重量

卫浴家具的色彩选择了原木色，起到活跃空间氛围的作用且不显突兀

白色做主色，地面搭配深灰色，营造一种明快的、整洁的环境。少量的原木色用在家具上，增添生活气息

第五章　不同氛围的卫浴间配色

○ C0 M0 Y0 K0
● C0 M0 Y0 K100
● C47 M58 Y71 K3
● C82 M58 Y100 K30

顶面、墙面及主体家具、洁具均采用了白色，搭配简约的造型，给人整洁、明快的感觉

> 白色为主色，凸显整洁、宽敞的感觉，同时为其他色彩的融合提供了良好的条件

> 塑造具有洁净感的卫浴间，不宜出现过于杂乱的色彩，采用自然界的色彩进行点缀，可以增添舒适感

○ C0 M0 Y0 K0
● C42 M34 Y35 K0
● C27 M42 Y75 K37

整体配色都围绕着白色、古铜系，空间中洋溢着舒畅感和精致感

> 白色+灰色可以呈现出独特的雅致美感，比传统的黑白对比要更细腻、柔和一些

具有力量感的卫浴间配色

厚重的、低明度的暖色具有力量感，将其用在卫浴间中，能够塑造出具有力量感的、厚重的氛围。

1. 具有力量感的卫浴间配色技巧

凸显和强化力量感，可以将两种明度的暖色叠加起来使用，比如选择相近色的马赛克拼花使用，或者同色系渐变花纹的砖等，都是可以使用的手法。此色系的色彩配色加入白色能够凸显主体部分的氛围，并具有轻快感；加入少量的冷色，更显格调。

厚重的、有力量的

轻快的　　　　　　　　　有格调

具有力量感的卫浴间配色禁忌

低明度的暗沉色彩具有力量感。在进行配色时需要注意，应该以暖色系为主色，冷色系做点缀。以冷色系为主色则显得过于冷硬，体现不出厚重的感觉。过于淡雅的和过于艳丽的色彩，也不能做主色使用。

浓郁的冷色缺乏厚重感　　　艳丽的色彩组合没有力量感　　　淡雅的色彩搭配，过于温馨，缺乏力量和厚重感

2. 具有力量感的卫浴间配色实例

- C49 M57 Y78 K4
- C0 M0 Y0 K0
- C84 M55 Y100 K27

卫浴空间中运用深褐色来进行色彩搭配，奠定了厚重型的色彩印象。在地面、家具及洁具上运用了白色来作为点缀色，令空间配色不显沉闷

深褐色作为空间背景色，奠定了力量感的色彩基调

白色用在地面和家具洁具上，通过明度的对比，进一步凸显了主体风格

- C0 M0 Y0 K0
- C18 M67 Y87 K22
- C100 M9 Y16 K93
- C0 M80 Y80 K65
- C0 M0 Y0 K100

白色用在上半部分，与下半部分冷暖结合的具有重量感的配色形成了对比，扩大了配色的张力，具有动感

深橘色用在地面活跃了整体氛围，使空间的重心放在了墙面上，具有强烈的动感，避免了厚重色彩为主的沉闷感

同时采用了深暗的冷色和暖色结合，在统一的力量感中做细微的变化，使墙体色彩层次更丰富

家居 色彩设计 指南

○ C0 M0 Y0 K0
● C54 M54 Y66 K2
○ C18 M15 Y16 K0
● C56 M60 Y58 K4

深棕黄色为主色的卫浴间沉稳、厚重，稳定性极强，但略显压抑，用浅灰色、白色来中和深棕黄色的沉闷感，令空间配色厚重中不乏力量感

白色用在顶面、墙面和洁具上，与主色穿插分布在空间中，具有强烈的对比，扩大了配色的张力

厚重的暖色具有充满力量的感觉，单一的色彩使用会显得缺乏层次，比较沉闷，将三种色彩叠加起来，在同一色彩印象中体现丰富的层次感

● C12 M57 Y78 K62
● C70 M81 Y97 K74
○ C0 M0 Y0 K0
● C0 M0 Y0 K100
● C0 M68 Y65 K0

咖啡色和棕黑色组合起来做主色，它们的交替使用丰富了层次感，避免了大面积厚重色彩的沉闷感，局部点缀以黑色，强化了力量感

厚重的暖色沉稳、充满力量的感觉，两种明度的暖色结合使用，使这种氛围更加强烈

粉橘色掺杂在黑色中做点缀，活跃了整体氛围

第五章　不同氛围的卫浴间配色

○ C0 M0 Y0 K0
● C69 M79 Y85 K56
○ C30 M36 Y46 K0
● C0 M0 Y0 K100

以不同明度的大地色系来装点卫浴间，可以反映出一种质朴而厚重的生活态度

从黄棕色到深褐色的不同色调的组合，渲染出了放松、柔和又不失厚重感的氛围

○ C30 M36 Y46 K0
● C69 M79 Y85 K56
○ C0 M0 Y0 K0

用厚重的深棕色搭配米灰色瓷砖，具有典型的力量感特征

带有厚重质感的深棕色，在米黄色墙面和地面的映衬下展现出原始的力量感

白色用在顶面和窗帘上，与深棕色通过明度的对比，进一步凸显了主题风格

家居 色彩 设计 指南

妩媚浪漫的卫浴间配色

通常来说，提到红色、粉色，能够让人想到女性，这是具有女性妩媚、浪漫特点的色调。用在卫浴间中，能够为空间带来具有梦幻感的氛围。

1. 妩媚浪漫的卫浴间配色技巧

红色和粉色叠加使用在一个空间中，能够表现出既热烈又浪漫的双面性；用红色或粉色与白色搭配，具有明快的、梦幻的感觉；配以少量淡雅的绿色或冷色，具有童话般的氛围；搭配艳丽的色调，则能够表现出兼具浪漫和活泼感的性格，搭配不同的色彩能够体现出不同性格女性的特点。

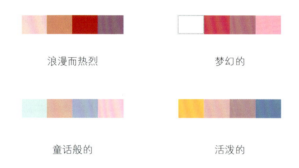

浪漫而热烈　　　　　　　　梦幻的

童话般的　　　　　　　　　活泼的

妩媚浪漫的卫浴间配色禁忌

红、粉色具有女性特点，如果搭配冷色，应避免大面积使用，冷色的冷峻感会覆盖红、粉色的浪漫。用冷色做点缀，色彩也不宜过多，否则也会对整体氛围造成影响。还应避免与厚重感的暖色搭配，失去浪漫感。

冷色面积大，掩盖浪漫感　　　冷色的面积超越主角色，过于冲突　　　背景色过于厚重，感觉不协调

2. 妩媚浪漫的卫浴间配色实例

○ C0 M0 Y0 K0   ● C25 M95 Y89 K0
○ C22 M33 Y44 K0

> 白色是明度最高的色彩，与艳丽的红色搭配具有强烈的对比感，显得明快

> 高纯度的红给人张扬的、热情的、具有女性特点的感觉

用红色做主色，彰显出热情的、具有魅力的女性特点。卫浴间整体配色十分简单，同色系拼接制造层次感，白色的加入使配色明快

● C0 M0 Y0 K100
● C17 M52 Y57 K0
○ C0 M0 Y0 K0
● C27 M42 Y75 K37

妩媚浪漫的氛围也可以用深色做背景色，附上橙色或红色等色彩，也能变得优雅而浪漫

> 黑色点缀在墙面上，增添了重量感，使重心在中间位置，具有动感

> 米黄色温馨、舒适，与橙色搭配淡化了一些色彩里面的灰度，使整体效果更为协调

家居 色彩设计 指南

○ C8 M7 Y13 K0   ○ C6 M13 Y7 K0
● C18 M35 Y12 K0 ● C25 M7 Y64 K0

> 淡雅的粉色给人纯真、浪漫的感觉,用它做主色塑造出的空间具有典型的女性特征

> 绿色的加入增加清爽的感觉,不会使空间过于甜腻

浅粉色略带纯真,给人舒适感,与具有自然韵味的黄绿色组合做点缀,为卫浴间增添了生机和活跃感

● C34 M42 Y24 K0   ● C33 M34 Y83 K0

> 以淡紫色作为配色中心,具有柔和而高雅的韵味,就像一个有生活经历的女人

> 淡金色带有陈旧的浪漫美感,与同样妩媚的淡紫色搭配,显得更为柔美、精致

以淡紫色为主色具有活泼感和艳丽感,经过调和的金色系降低了华丽感,更加优雅,两种色彩搭配既具有妩媚感,又不失精致感

第六章

常见的
配色问题

  一个空间的色彩搭配从哪里开始比较好？居室色彩设计的重点是什么？如何避免配色的失误，怎样搭配家具？……配色的学习中，总是会出现各种各样的问题，总地来看，常见的配色问题有以下几个方面。

1. 如何找到空间配色的起始点

用色彩来装饰居室，可以从以下三方面决定空间的色彩搭配。

① 若居室的户型不规整，存在比例上的缺陷，可以从弥补缺陷开始入手进行配色。例如，小户型多使用白色或浅色做主色，以扩大空间感，配色围绕着这一目的而进行，避免使用过于厚重的色彩。

② 从单一物体的固定色彩开始配色，例如不能改动的地面颜色，或者已选择好的家具的色彩，用它们作为中心，去搭配其他的色彩。这样的情况下，搭配的色彩不同，塑造的氛围也会有所区别。

③ 最为理想的配色方式，挑选自己喜欢的色彩，从色彩印象开始进行配色。例如喜欢粉色将它作为主色，塑造具有浪漫风格的居室氛围，具体的配色方式可参考第一章色彩印象部分。

2. 居室颜色的设计重点如何确定

进行居室的色彩设计时，占面积比较大的分别是墙面、顶面和地面，这些色彩需要根据想要的效果确定基调。此外，在装修动工前，家具的色彩也有必要先确定下来。家具是除了空间固有界面外，占据面积最大的一部分设施，它们的配色，会对主体氛围产生直接影响。

如果先确定了墙面色彩，可以根据墙面色彩去选择家具，这样家具的可选范围就比较小；还可以先确定家具的颜色，然后搭配居室内界面的颜色，这样，墙壁、天花、地面的可选颜色就比较多。

如果将家具和界面的颜色分开考虑，最后组合起来的效果通常不会很理想，毕竟居室设计是一个整体，包括了各个部分，单一地分开考虑很难取得和谐的整体感。

3. 一个空间中可否有两种色彩印象

如果想要在一个空间之中采用两种色彩印象，必须要有一个进行主导，另一个做点缀用，如果分布方式过于平均，则会产生混乱感。可以确定一种色彩印象在大范围内使用，例如温馨感的色调，大范围内采用温柔的米色、米黄色等来塑造；然后在小范围内，做另一种色彩印象的搭配，例如以沙发为中心，将沙发作为背景色，靠枕做主角色，茶几等作为点缀色，塑造具有开放感的、活力的色彩印象。单一的色彩印象，给人的感觉比较明确，而组合起来的色彩印象，配色更加丰富，氛围更加活跃。

4. 居室内所有房间是否都统一配色方案

通常来说，开放的公共空间，为了获得比较整体的效果，需要进行整体式的色彩设计。而单独的空间，例如卫浴间、书房、卧室等，这些空间私密而独立，可以不与整体采用相同的色彩印象，根据性别以及年龄的不同选择自己比较心仪的色彩，更有归属感。

5. 如何根据界面的固定色彩选择家具

许多情况下，居室内各个界面的颜色已经确定下来，不宜变动，那么，如何根据固有的色彩去选择家具呢？

不可变动的色彩，总会存在着一些不足的地方，可选择的色彩印象也就相对地减少。在选择家具时，可以首先根据固定的色彩，设想一下自己需要塑造的气氛，如果自己觉得不确定，那么大件的起到主导作用的家具，例如沙发、大衣柜等，可以选择接近墙面或地面的色彩，色相靠近或者同色系在明度、纯度上做变化，这样获得的效果比较协调、舒适。随后可以用小件的家具丰富色彩，这样做不会破坏整体感，还能够达到活跃氛围的目的。

还有一种方式，可以将大型的家具分成两个部分，一部分的颜色接近墙面，一部分接近地面，这样会有更强的整体感。例如，沙发组中，中间的双人座接近墙面，另外两个单人沙发颜色可以选择接近地面的，这样获得的效果更为协调，同样可以通过小的物件来调整色彩。

如果对色彩的掌控力很有信心，家具的色彩可以根据想要的氛围来塑造。例如选择与墙面或地面具有强烈对比的家具，能够塑造开放的、明快的氛围等。

6. 怎样选择自己喜欢的色彩印象

色彩是比较复杂的存在，不同的色彩有不同的感觉，即使相同的色相，不同明度和纯度的变化，所表述的情感也是有所区别的，因此，在进行居室色彩设计前，确立自己喜欢的色彩是十分必要的，通过选择、对比能够获得更为理想的设计效果。

色彩的来源是十分广泛的，能够塑造自然氛围的色彩就包含了所有自然界中的事物，花草、树木、不同颜色的土地等。在找到自己喜欢的色彩时，通过一定的手段比如照片、录像等记录下来，在做居室设计前，找出这些色彩，对照相关的专业色标图集，找出相对应的色标，而后根据色彩的数量、色相型、色调型等知识，查看它们之间的关系，进而确定主色、副色，决定整体风格。

7. 确定色标后怎样寻找对应的色彩

在确立了居室内所选用的色彩以及它们之间的关系后，就需要拿着色标，去寻找对应的材料。在色彩与材质的关系里我们说过，相同色彩不同的材质感觉也是不同的。可以根据以往的经验，确立几种自己喜欢的材质，然后对应所选择色彩的色标去寻找，通常商家都会有对应的样板提供，可以进行搜集，最后再组合起来确定所采用的材料。

8. 色彩搭配是否需要追随潮流

如同服装一样，每一年流行的色彩也会有变化，而且流行的变化速度总是非常快的，时效性非常强。色彩与时装不同，时装过时后可以留起来，等待再次流行，而色彩过了流行时段后，居室内所采用的流行色就会变得尴尬。

因此，想要追求经典的效果，还是选择适合自己的、自己喜欢的色彩搭配方式；若追求新鲜感，则可追随潮流。觉得大面积地更换界面的色彩过于麻烦，可以小范围内更换小件的家具和装饰物，但这样做容易产生混乱的效果，因此需要对色彩有比较高的掌控力。

9. 怎样避免配色的失误

色彩的搭配设计与其他设计一样，需要有主要的重点色彩，其他的次之，需要凸显出主要色彩印象的主体地位。

进入一个居室后，感觉没有明确的色彩印象，无法传达出想要表述的感情，各个部分都比较平均，感觉混乱。这是因为在进行配色的初期，没有明确主要色彩印象，想到哪里就做到哪里，没有主旨而造成的。在进行配色时，想要避免这样的失误，需要从一开始就确立一个明确的色彩感觉，将其作为主导，围绕着主体部分进行其他色彩的搭配，这样所得的效果就会十分明确。例如喜欢浪漫氛围，将粉色作为背景色或者主色，占据最大面积。而后搭配副色，想要梦幻感，搭配白色；想要童话般的氛围，搭配接近白色的冷色。最后再搭配点缀色。这样的组合方式，最后的效果就会十分明确。

10. 同一空间如何选择墙面色彩

许多人在进行居室的配色时，因为喜欢的色彩很多，因此将一个居室内的墙面设计成不同的颜色。从配色的整体效果上来说，这样做容易让人感觉混乱，最好控制在两种色彩以内。特别是卧室中，过于冲突的颜色非常刺激，可以选择类似型的配色，或者采用同一色相不同明度或纯度的搭配方式，这样的搭配方式，更容易获得整体感。墙面的色彩属于背景色，为后期陈设提供一个基调。除非有特别需求，不然应该尽量控制在统一的范围内。

11. 怎样精心对待居室配色

色彩是人们进入一个居室内的第一感受，想要具有舒适的、协调的居室氛围，在进行色彩搭配时需要十分的精心对待。在进行色彩搭配之前，了解一定的专业知识，然后根据知识点进行搭配，能够取得意想不到的效果。如果配色十分随意，想到哪里就用到哪里，会没有效果可言。